助力乡村振兴
出版计划

【现代农业科技与管理系列】

果酒
实用加工技术

主　编　蒋　军

副主编　汪　君　朱作华　李泽福

编写人员　程　军　黄守均　王华斌　董新义

　　　　　姚　弘　卢秀兵　曹良元　丁一乐

时代出版传媒股份有限公司
安徽科学技术出版社

图书在版编目（CIP）数据

果酒实用加工技术 / 蒋军主编. --合肥:安徽科学技术出版社,2023.12

助力乡村振兴出版计划.现代农业科技与管理系列

ISBN 978-7-5337-8858-2

Ⅰ.①果…　Ⅱ.①蒋…　Ⅲ.①果酒-酿酒　Ⅳ.①TS262.7

中国国家版本馆 CIP 数据核字（2023）第 211386 号

果酒实用加工技术　　　　　　　　　　　　　　　　　　　　主编 蒋 军

出 版 人：王筱文　选题策划：丁凌云　蒋贤骏　余登兵　责任编辑：李志成

责任校对：邵 梅 责任印制：梁东兵　　　　　　　　　装帧设计：王 艳

出版发行：安徽科学技术出版社　　　　http://www.ahstp.net

（合肥市政务文化新区翡翠路 1118 号出版传媒广场,邮编:230071）

电话：(0551)63533330

印　　制：安徽联众印刷有限公司　　电话:(0551)65661327

（如发现印装质量问题,影响阅读,请与印刷厂商联系调换）

开本：720×1010　1/16　　　印张：11　　　字数：152 千

版次：2023 年 12 月第 1 次印刷　　印次：2023 年 12 月第 1 次印刷

ISBN 978-7-5337-8858-2　　　　　　　　　　定价：43.00 元

出 版 说 明

"助力乡村振兴出版计划"(以下简称"本计划")以习近平新时代中国特色社会主义思想为指导,是在全国脱贫攻坚目标任务完成并向全面推进乡村振兴转进的重要历史时刻,由中共安徽省委宣传部主持实施的一项重点出版项目。

本计划以服务乡村振兴事业为出版定位,围绕乡村产业振兴、人才振兴、文化振兴、生态振兴和组织振兴展开,由《现代种植业实用技术》《现代养殖业实用技术》《新型农民职业技能提升》《现代农业科技与管理》《现代乡村社会治理》五个子系列组成,主要内容涵盖特色养殖业和疾病防控技术、特色种植业及病虫害绿色防控技术、集体经济发展、休闲农业和乡村旅游融合发展、新型农业经营主体培育、农村环境生态化治理、农村基层党建等。选题组织力求满足乡村振兴实务需求,编写内容努力做到通俗易懂。

本计划的呈现形式是以图书为主的融媒体出版物。图书的主要读者对象是新型农民、县乡村基层干部、"三农"工作者。为扩大传播面、提高传播效率,与图书出版同步,配套制作了部分精品音视频,在每册图书封底放置二维码,供扫码使用,以适应广大农民朋友的移动阅读需求。

本计划的编写和出版,代表了当前农业科研成果转化和普及的新进展,凝聚了乡村社会治理研究者和实务者的集体智慧,在此谨向有关单位和个人致以衷心的感谢!

虽然我们始终秉持高水平策划、高质量编写的精品出版理念,但因水平所限仍会有诸多不足和错漏之处,敬请广大读者提出宝贵意见和建议,以便修订再版时改正。

本册编写说明

随着我国经济发展,人民生活水平逐步提高,我国水果深加工产业进入了一个全新的发展时期,同时也面临重新洗牌的局面。为培养高素质、高技能的一线技术人才,适应世界大市场的需要,我们精心选材,认真编写了这本《果酒实用加工技术》,供从事果酒开发的科研技术人员、企业管理人员和生产人员学习参考使用,也可作为大中专院校食品科学、发酵与酿造、生物工程、农产品贮藏与加工、食品质量与安全等相关专业的实践教学参考用书。

本书紧紧围绕职业技能培养目标,注重理论与实践相结合,将酿酒理论知识与职业技能培养融为一体,以加工过程为主线,详细阐述了各种果酒的生产工艺、生产辅料、生产设备、发酵控制与管理、感官品尝等内容。

本书由安徽农业大学茶与食品科技学院蒋军担任主编,安徽工业经济职业技术学院汪君、中国农业科学院南方经济作物研究中心朱作华担任副主编。蒋军编写体例,负责全书策划、编写、统稿工作。本书编写具体分工为:安徽农业大学蒋军编写第一章至第十一章、第十二章第五节至第八节、第十四章;安徽工业经济职业技术学院汪君编写第十二章第一节至第四节;中国农业科学院南方经济作物研究中心朱作华编写第十三章和附录;中粮长城酒业有限公司程军与李泽福、山西格瑞特酒庄有限公司董新义、山西菲尔蒙酒庄有限公司姚弘编写第十三章第三节至第五节。在编写过程中吸纳了相关图书之所长,并参考了大量文献,在此对原作者表示感谢。在编写过程中,安徽省农业科学院盛蕾,安徽农业大学吴桂春、顾文杰、张舒怡、陈曦,西北农林科技大学葡萄酒学院赵裴、成甜甜及安徽红泉农林科技有限公司等参与资料收集,在此一并感谢。

目　录

第一章 概 述

第一节 果酒概述与分类

一 果酒概述

果酒,是以新鲜水果或果汁(浆)为原料,经过发酵、澄清、调配而成的饮料酒。酒精度一般在20%(vol)以下,多数在7%～18%(vol),有的果酒在调配过程中会添加食用酒精,添加后酒精度可达22%(vol)。果酒若再经过蒸馏即可得到水果蒸馏酒。

全世界的果酒产品中,葡萄酒的产量、消费量位居首位,其次是苹果酒。此外,猕猴桃酒、蓝莓酒、樱桃酒等果酒在美、英、德等国家较受欢迎。我国水果种植面积广、资源丰富、种类繁多、产量大,大部分水果用于鲜食。而在果酒酿造方面,南方以热带水果为主要原材料,例如荔枝酒、枇杷酒、阳桃酒等;北方地区则主要加工温带水果类果酒,例如枸杞酒、枣子酒、山楂酒、柿子酒、苹果酒等。

果酒具有酒精度低、果香浓郁纯正、外观清亮透明、口感酸甜适口、营养成分丰富等特点,在人们普遍注重营养健康的时代,果酒酿造非常符合未来酒业的发展趋势,极具发展潜力。此外,果酒酿造不仅可以避免鲜果成熟期的堆积,还可进一步丰富我国低度健康酒的产品种类,提高原有水果的经济价值。

二 果酒分类

果酒的分类方式较多,目前还没有统一的分类标准,现阶段常见的有以下四种分类方式。

1. 按照酿造方法分类

(1)发酵果酒。发酵果酒是以果汁(浆)为原料,经过酿酒酵母发酵而成的果酒。发酵果酒根据发酵程度不同又可分为全发酵果酒与半发酵果酒。

(2)蒸馏果酒。蒸馏果酒是水果经过发酵后,再通过液态蒸馏所得到的酒,例如白兰地、水果白酒等。

(3)配制果酒。配制果酒通常是在果实、果汁或果皮中加入白酒或用食用酒精浸泡后,再加入食品添加剂进行调配、混合而加工制成的酒。配制果酒的酒精度一般不超过40%(vol)。最具代表性的配制果酒有猕猴桃酒、青梅酒、蓝莓酒和枸杞酒等,由于制作简单,可在家中制作饮用。

(4)起泡果酒。起泡果酒即在果酒酿造中保留二氧化碳或加入二氧化碳的酿品。常见的有香槟酒、起泡葡萄酒等。

2. 根据果酒中含糖量(以葡萄糖计)分类

(1)干型果酒。干型果酒含糖量在4克/升以下,是目前市场上常见的果酒类型,几乎品尝不出甜味。

(2)半干型果酒。半干型果酒含糖量在4~12克/升,品尝起来微具甜感,圆润顺滑,回味甘冽。

(3)半甜型果酒。半甜型果酒含糖量在12~45克/升,口感柔和,清冽甘甜,回味香甜。

(4)甜型果酒。甜型果酒含糖量在45克/升以上,入口香甜饱满,酒精度相对较低,但整体表现醇厚清爽。

3. 按照果酒的颜色分类

(1)红果酒。红果酒是用皮红肉白或皮肉皆红的带皮水果发酵而

成的酒,呈现自然宝石红、紫红、石榴红或砖红色,无人工添加着色剂。最典型的水果红酒是红葡萄酒、蓝莓红酒、桑葚红酒、枸杞红酒和杨梅红酒。

(2)白果酒。白果酒是用无色水果或皮红肉白的水果,对其进行皮肉分离后得到果汁再进行发酵而成的酒,呈现近似无色、浅黄色、金黄色或淡黄绿色。常见的白果酒有白葡萄酒、苹果酒、梨酒、柑橘酒、枇杷酒、梅子酒和百香果酒等。

(3)桃红果酒。桃红果酒是用浅色的水果,带皮或者分离去皮后经过发酵而成的果酒,在颜色外观上呈现桃红、橘红、淡玫瑰红、粉色或浅红色,常见的桃红果酒有桃红葡萄酒和蜜桃酒等。凡是色泽过深或过浅均不符合桃红果酒的要求。

4. 按照水果种类分类

(1)浆果类果酒。浆果类水果主要包括葡萄、蓝莓、石榴、草莓、猕猴桃、无花果、阳桃等。目前浆果类果酒中,用葡萄作为原料的最为常见。

(2)仁果类果酒。仁果类水果主要包括苹果、枇杷、柿子、山楂等。苹果酒属于我国市场第二大果酒系列。

(3)核果类果酒。核果类水果主要包括桃子、李子、青梅、樱桃等。青梅果酒是市场上比较常见的核果类果酒。

(4)柑橘类果酒。柑橘类水果主要包括柑橘、蜜橘、金橘、橙子、柠檬、葡萄柚等。

(5)瓜类果酒。瓜类水果主要包括西瓜、香瓜、哈密瓜、白兰瓜等,很适合用来酿制果酒。

(6)其他类果酒。其他类水果例如榴梿、甘蔗、菠萝、石榴等,从结构特征上不能明显划分种类,但也可以用来酿制果酒。

第二节　果酒主要成分

一　水

水是果酒的主要成分,占60%～90%。果酒中的水属于生物学纯水,是溶解其他有机物质的重要载体。

二　酒精

酒精即乙醇溶液,它是酵母菌利用水果中的糖进行发酵的主要产物,可使得果酒具有醇厚感和结构感。果酒的酒精度通常为7%～18%(vol),此酒精度对人体的刺激性小,适合多数人饮用。

三　糖和甘油

果酒中的葡萄糖、果糖和甘油是调节果酒口感及黏稠度的重要物质,可使果酒具有圆润和肥硕协调的感觉。

四　有机酸

果酒中的有机酸主要包括苹果酸、琥珀酸、酒石酸、柠檬酸、乳酸、奎宁酸、草酸、乙酸等。若果酒中有机酸含量过低,则口味平淡、贮藏性差;相反,有机酸含量过高,则酒体粗糙、瘦弱,口感较差。

五　单宁和色素

单宁具有明显的涩味和收敛感,增强酒体结构,同时又是极好的抗氧化物质,能使果酒长久地保存。但单宁含量高了会使果酒的口感偏涩,一般刚开始喝的人会不易接受。

果酒中的色素含量和稳定性的差异在一定程度上决定了果酒的颜色。随着陈酿的过程,色素会因凝聚而沉淀,酒的颜色则会越放越浅。

六 氨基酸

水果经过发酵之后,氨基酸种类会增多。例如:葡萄酒中含有脯氨酸、赖氨酸、苏氨酸等20种氨基酸,其中脯氨酸含量最高;苹果酒中含有半胱氨酸、酪氨酸、苯丙氨酸等17种氨基酸。

七 其他物质

果酒中还含有很多其他物质,如酚类、醇类、酯类、醛酮类、芳香物质、硫化物、矿物质以及多种维生素(维生素 B_1、维生素 B_2、维生素 B_6、维生素 B_{12}、维生素 C 等)。

以上各类物质在果酒中的含量不同或存在其他细小差异,都是构成某种果酒区别于其他果酒饮品个性特征的影响因素。

▶ 第三节　果酒与营养保健

我国《神农本草经》和《本草纲目》中记载了葡萄酒的功效。这说明我国古代医学家很早就认识到了葡萄酒的滋补、养颜、强身等作用。而这些营养作用都已被现代医学研究和实践所证实。

一 果酒的营养价值

1.热值

果酒的热值大约等于牛奶的热值,1升10%(vol)的葡萄酒的热值为560卡(1卡=4.184焦),1升12%(vol)的葡萄酒的热值为700卡。

2.氨基酸

果酒中含有构成生物所需的各种蛋白质和氨基酸。葡萄酒中多种氨基酸的含量与人体血液中相应的氨基酸的含量非常接近。

3.矿物质元素

矿物质元素包括大量元素和微量元素,有的可参与构成体液,有的

可作为酶的组成成分或维持酶活性,有的可调节渗透压和胃酸等。

4. 维生素

果酒中含有维生素 B_1、维生素 B_2、维生素 B_5、维生素 B_6、烟酸、维生素 C和维生素 P。这些成分对心血管疾病有很好的预防作用。

二 果酒的保健作用

1. 增进食欲作用

果酒一般具有鲜艳的颜色,如石榴红、宝石红、玫瑰红、紫红、黄、淡黄、绿等;还具有丰富的各类香味,如花香、矿物香、干果香等。这些因素的搭配融合,可有效促进食欲,使人感到舒适、愉悦,有利于身心健康。

2. 滋补作用

果酒中含有水果中天然存在的和酿造过程中产生的各种营养成分,如糖、氨基酸、矿物质元素(包括微量元素)和维生素(如维生素 B_1、维生素 B_2、维生素 B_{12}、维生素 C)等。这些物质都是人体不可或缺的营养素,有延缓衰老、延年益寿的效果。

3. 助消化作用

果酒中含有各种有机酸,具有轻度酸味,而这种酸度与人体的酸度接近,有助于人体消化。

4. 减肥作用

果酒有减轻体重的作用。在饮用果酒之后,果酒可直接被人体吸收消化,且非常迅速,基本在4小时内就可全部消化掉而不会使体重增加。

5. 利尿作用

果酒中氧化钾含量较高,具有利尿作用,可起到防止水肿和维护体内酸碱平衡的功能。

6. 杀菌作用

果酒具备的杀菌作用,研究表明可能是与它含有的可抑菌和杀菌的多酚类物质相关。

▶ 第四节 果酒质量安全性

果酒质量的安全性主要是由水果原料的安全性和酿造加工过程的安全性构成的。

一 水果原料的安全性

水果原料的安全隐患主要是由病虫害防治所带来的农药及重金属残留限量超标所造成的。因此,水果作物种植过程中一定要控制病虫害,并且减少病虫害防治用药的量,一定要重视对于产地环境的选择,生产区范围内应无任何污染源。

二 果酒酿造加工过程的安全性

1. 果酒中杂醇油的安全性

果酒中的杂醇油又称高级醇,包括丙醇、丁醇、异丁醇、戊醇、异戊醇等。若果酒中杂醇油含量过高,饮后会引起缺氧、头痛等症状,对脑神经细胞有损害作用,如饮用过量的果酒后常常会出现"上头"现象。

2. 果酒中甲醇的安全性

果酒中的甲醇与果胶酶有关,甲醇含量过高对视神经会有损害,因此要特别注意红酒生产中对甲醇的控制。酿造果酒时要科学筛选果胶酶的种类和果胶酶添加量,严格控制发酵温度和接种量,以减少酒中甲醇的生成。我国是酒类产品生产和销售大国,极少数不法商贩用工业酒精或甲醇(木醇、木精)勾兑酒类产品,严重影响了食品安全。

3. 果酒中重金属残留的安全性

果酒中的重金属如铜、铁、铅等的含量超标主要是与接触的容器及过滤设备有关,应购买和使用标准化生产的果酒制作容器和设备。铅和镉是饮料酒的潜在重金属污染物。蒸酒器具、输酒管道、储酒容器、包装容器的锡焊接处及金属包装材料等与酒体接触,会导致铅溶出。此外,

受到镉污染的果酒酿造原料也会带入金属污染。

4. 果酒中微生物污染的安全性

果酒中的微生物超标主要是由生产环境卫生不合格、过滤及灌装等操作工艺方法不规范造成的。

5. 果酒添加剂的安全性

在果酒酿造中二氧化硫(SO_2)等添加剂含量不得超标。若含量过高，会损伤人体的消化系统。

6. 果酒中氨基甲酸乙酯残留的安全性

果酒的发酵工艺应严格控制,有效降低氨基甲酸乙酯含量。若氨基甲酸乙酯含量超标,将会对身体造成伤害,有引起肺肿瘤、淋巴癌、肝癌、皮肤癌等的风险。

第二章 酒庄设计

第一节 酒庄规划

一 设计依据

酒庄的地理位置应选择在交通方便、水源丰富、水质卫生、电源充足、四周环境卫生好的地区,具体要满足以下条件:

(1)有良好的卫生环境,无有害气体、放射源、粉尘及其他扩散性的污染源(包括污水、传染病院、养殖场等)。

(2)设在工矿企业或其他污染源的上风侧,且土地干燥、地势平坦,有充足的水,水质要好。

(3)有较方便的运输条件。生产车间与城市公路须有30米左右的隔离区,隔离区内须充分绿化。

(4)有一定的供电条件(应有民用和工业用电线路)。

(5)酒庄面积大小应满足生产要求,并留有发展余地。

二 酒庄布局

1. 酒庄平面设计原则

(1)布局紧凑合理,符合生产工艺的要求。

(2)节约用地,并有一定的绿化用地。

(3)主车间、仓库等应按生产流程布置,并尽量缩短距离。

(4)生产区的货流、人流、原料、管道等应有各自的线路,力求避免交

叉,以免物料往返运输。

(5)生产区和生活区、厂前区(传达室、化验室、办公室、车库等)分开。

(6)主车间应与对卫生有影响的综合车间、废品仓库、锅炉房间隔一定距离,并设在上风侧。

2.酒庄设计示例

某酒庄布局平面图如图2-1所示。

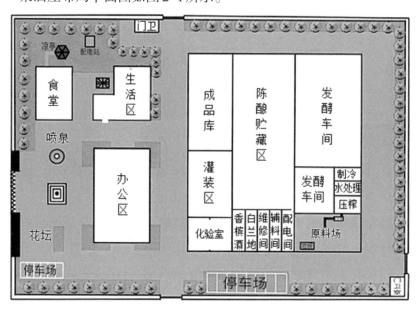

图2-1 酒庄布局平面图

▶ 第二节 车间设计

发酵车间应具备的功能房包括男、女更衣室及卫生间、淋浴间、换鞋间、原料库、调料库、前处理间、发酵区、存放间、空调机房、配电室等。

一 车间设计

1.车间的设计原则

(1)生产设备要按工艺流程的顺序配置,在保证生产要求、安全及环

境卫生的前提下,尽量节省厂房面积与空间。

(2)全建筑物采取南北朝向,以利于通风、采光。

(3)配电房应靠近生产车间,以减少能源消耗。

(4)全局考虑全厂布置,填平补齐,力求合理、经济。

根据以上原则,对果酒工厂发酵车间进行设计,如图2-2所示。

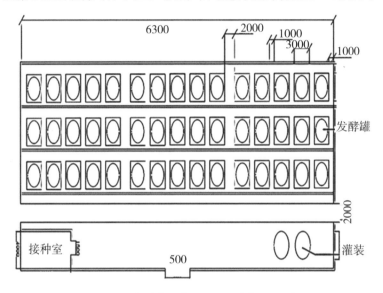

图2-2　发酵车间布局平面图(单位:mm)

2. 车间的设计说明

车间划分为原料预处理区、接种区、发酵区、过滤区、贮酒区、冷处理区、装车间、调配区等,每隔6米设立一个柱子,疏散通道宽度为3米,包装车间设有检验室检验产品是否达标,检验室与包装车间用窗送窗接的形式传递检验标本,以免造成污染影响检验结果。

车间厂房采用轻钢结构,轻钢建筑材料重量轻、建设周期短,相对建筑成本比较低,同时,轻钢结构厂房相对跨度大,对设备在厂房中的布置影响小,框架结构对于不同功能分隔和以后的变更都非常方便,如图2-3所示。

图2-3 车间厂房与化验室

3.人流通道的设计说明

人流通道分为产品预处理区人流通道和包装车间人流通道,员工进入两个区域车间的要求不同,进入预处理区域的员工要经过一个消毒区才能进入预处理区域,而包装车间的员工多了两间休息室,主要是考虑到包装车间的劳动强度大于预处理车间。

设计中为避免人流路线与物流路线交叉造成事故和操作失误,将主厂房人流行动方向设为东西向,员工经过主厂房一次换鞋、更衣、二次换鞋、消毒池以及风淋间后通过人流通道进入各个生产岗位进行生产;将原辅料仓库,对原、辅料进行储存设置在主厂房北侧。

4.物流通道的设计说明

物流通道的设计与人流区域尽量不要出现重叠,一般都是朝南进、朝北出,出口处得有停车场,运输产品的物流和运输原料的物流要分开。

二 非工艺设计

1.各功能房间的高度

应能满足工艺、卫生的要求,一般不得低于3.6米。

2.车间地面

应平整,采用防渗、防滑、易冲洗的材料,应有适当的坡度,在地面最低点设置地漏。

3.顶棚及墙壁

应采用不吸水、光滑、耐腐蚀材料,顶棚应呈现一定的弧形。墙壁与墙壁、墙壁与地面交界处要呈现漫弯形。

4. 门窗

必须严密不变形,窗台要高于地面1米以上,内侧要下斜45度。

5. 生产间、仓库

应有良好的通风,采用自然通风时通风面积与地面面积之比不应小于1:16;采用机械通风时换气次数不应少于每小时3次。机械通风管道进风口要距地面2米以上,并远离污染源和排风口。

6. 原料库、成品库、发酵间

均应设防鼠、防蚊蝇、防尘设施。

7. 生产车间

生产车间内必须设有三联水池,如图2-4所示。车间的生产用水必须符合国家生活饮用水标准的要求。车间的排水应通畅,生产污水必须经隔油池和污水处理站处理合格后方可排入市政管网。

图2-4 三联水池

三 车间路线图

物流运输车都必须在规定的路线上进行运输工作,设定好人流的通道,科学合理地安排规划好人流的行进路线和方向,以免工作人员在工作时因为走路而做额外功,尽可能地使人员流动更加方便快捷。此外,还要严格制订好物流管道的运输路线,按照规定的路线执行,既可杜绝管道交叉风险,也利于定期的检查和维护,使酒厂的动力供应设施与

需要动力的设备之间的距离得到合理缩减,这样的设计是为了提高生产效率。

▶ 第三节　生　产　计　算

葡萄酒的生产计算数据都是粗略且经验的,因为葡萄品种、生产设备、贮酒容器、生产工艺、操作手法等诸多因素的不同会或多或少地造成计算数据上下浮动。

一　物料衡算

在此以霞多丽干白葡萄酒的生产为例,仅作参考。为方便起见,将葡萄汁和葡萄酒的相对密度都略认为1。

下面以1 000千克、糖度为196克/升的霞多丽葡萄为例进行物料衡算:

1. 原料用量

按工艺要求,葡萄酒的原料100%为新鲜优质的霞多丽葡萄,即葡萄原料用量为1 000千克。由于其糖度为196克/升,按正常工艺操作酿成酒后的酒精度为11.0%~12.0%(vol),符合国家标准要求。

2. 葡萄汁的量

霞多丽葡萄经气囊压榨机压榨后,得到除去梗、皮、籽的葡萄果汁,霞多丽葡萄的梗、皮、籽的重量约占整个果穗重量的23%,最后作为低档的压榨汁约占3%。

因此,所得葡萄浆的量为1 000千克×(1-23%)×(1-3%)=746.9千克。

3. 发酵原酒的量

葡萄汁经过酒精发酵后,分离酒脚。一般情况下,酒精发酵后的酒脚约占整个发酵酵液的5%,后发酵后的酒脚约占发酵原酒量的2%,在此发酵过程中压榨、管道及操作损失约为1%。

因此,酒精发酵后所得原酒的量为746.9千克×(1-5%-1%)=702.1千克。

苹果酸–乳酸发酵后的原酒的量为702.1千克×(1–2%)=688.1千克。

4. 陈酿原酒的量

发酵后原酒进入陈酿阶段,在此过程中经过几次倒罐操作,分离酒脚,在陈酿期间酒脚、贮存期自然损失及操作过程中的损失一般为3%左右。

因此,陈酿后原酒的量为688.1千克×(1–3%)=667.5千克。

5. 稳定性处理后原酒的量

陈酿后的原酒在品评均衡后进行稳定性处理,主要进行下胶澄清、低温冷冻。下胶澄清过程损失约2%,低温冷冻和趁冷过滤过程损失约2%。

因此,稳定性处理后原酒的量为702.1千克×(1–2%)×(1–2%)=641.1千克。

6. 装瓶后成品的量

稳定性处理后的酒经无菌过滤后进入灌装系统装瓶包装,在此过程中的过滤损失约为2%。

因此,装瓶后成品酒的量为641.1千克×(1–2%)=628.3千克。

二 水衡算

果酒生产过程中的主要用水为洗涤用水,即用于容器清洗和地面冲洗等。用水量和生产规模、容器类型、地面状况等因素息息相关。

1. 水衡算计算方法

用水总量=生产用水+清洗用水+生活用水+消防用水。

2. 生产用水

果酒的生产用水又分为调配用水和活化酵母用水。

3. 清洗用水

清洗用水主要包括生产原料的清洗、设备的清洗、场地的清洗、酒瓶的清洗等所用的水。

(1)生产原料的清洗。可按照生产原料:生产原料的清洗水=1:3进行估算。

（2）设备的清洗。不同的设备有不同的清洗方式,主要包括破碎机、双螺旋压榨机、种子罐、发酵罐、贮酒罐、冷处理罐、调配罐、过滤机、洗瓶机、罐装机等的清洗。

清洗一台破碎机大概耗水0.5吨;清洗一台双螺旋压榨机大概耗水0.5吨;一个种子罐的清洗用水量约为0.5吨;清洗一台过滤机需要约1吨水;清洗一个容积为10立方米的发酵罐大概需要0.15吨水;清洗贮酒罐的用水量与发酵罐大致相同。

（3）场地的清洗。清洗场地的用水量可按1吨水清洗100平方米估算。

4. 生活用水

生活用水主要有食堂、宿舍和休息室、办公大楼等处的消耗,指工作人员日常生活中所需要用的水。

5. 消防用水

消防用水为非固定用水,不进行计算,但需要时刻准备着。

6. 实例分析

例如,单个发酵罐可发酵蓝莓10吨/次,密闭发酵20天,则10座发酵罐300天可发酵蓝莓量为1 500吨,单次发酵时间为20天。项目使用10座发酵罐,每隔一天发酵一罐,过滤及罐装等后续工序每两天一次。发酵工序年工作300天,每天24小时,全年7 200小时。过滤、罐装等工序年工作150天,隔天生产一次,一班制生产,每班8小时,年作业时间约为1 200小时。

（1）酒瓶清洗用水:酒瓶在装酒前,使用清洗机进行清洗,使用自来水清洗后吹干,进入理瓶机。项目使用酒瓶数量为92.5万个,酒瓶大小不同,每次(两天一次)使用不同酒瓶的比例基本一致,每次清洗酒瓶数量约为6 166个,酒瓶数量与清洗用水量的比例约为1:1.5,则清洗用水使用量为1 387.5米³/年(9.25米³/次)。

（2）设备清洗用水:根据生产流程可知,项目每两天发酵一罐,设备每两天清洗一次,参照《排放源统计调查产排污核算方法和系数手册》(生态环境部公告2021年第24号)中"1519其他酒制造行业系数手册"中果酒废水的产污系数,项目产能为500吨/年(约0.05万千升/年),小于0.5

万千升/年,产污系数为7.5吨/千升—产品,清洗废水按照用水量的80%计算,则设备清洗用水使用量约为4 687.5米³/年(31.25米³/次)。

(3)生活用水:根据建设单位提供的资料,项目定员10人,根据《安徽省行业用水定额》(DB34/T 679—2014)可知,其生活用水量按照80升/(人·天),则本项目生活用水量为0.8米³/天,即240米³/年。生活污水产生量按照用水量的80%计算,则生活污水产生量为0.64米³/天,即192米³/年。

三 冷量估算

发酵时对发酵酵液的冷却降温和果酒灌装前的冷稳定性处理以及酒窖的温度恒定控制等均需消耗冷气。耗冷量的计算可根据具体的冷却设备、冷却介质、冷却形式、贮酒容器等因素综合考虑,不能简单地以吨酒消耗一概而论。

四 废水处理及综合应用

酿酒工艺中废水来源于2个生产工段,形成了含2种不同污染物的废水,即冲洗废水、压榨过程中的工艺废水。

1. 冲洗废水

此工段产生的原料冲送、洗涤废水,在总排水量中占60%～80%,主要含有泥沙、果残渣、皮屑等,化学需氧量(COD)浓度较低,废水经二级沉淀处理后COD降低75%～88%,悬浮在水中的固体物质(SS)降低80%～95%,上清液可循环使用,达到了节水减污的目的。

2. 工艺废水

压榨过程中产生的工艺废水,是在发酵完的一系列过滤过程中产生的废水。可对其进行处理,然后再投入循环使用。

第三章 ▶ 酿 酒 设 备

果酒生产流程如图3-1所示。涉及的酿酒用设备主要包括发酵设备、过滤设备、杀菌设备、罐装及打塞设备等。

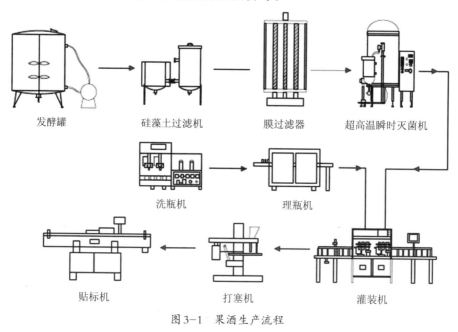

发酵罐　　　硅藻土过滤机　　　膜过滤器　　　超高温瞬时灭菌机

洗瓶机　　　理瓶机

贴标机　　　打塞机　　　灌装机

图3-1　果酒生产流程

▶ 第一节　发 酵 设 备

发酵罐是将果汁转化为果酒的设备。果汁在发酵罐中与酵母接触，酵母会将果汁中的糖转化为酒精和二氧化碳。根据所酿果酒的量选择发酵罐的规格，小型果园可选择1~10立方米的传统立式发酵罐，其具有占地面积小、价格便宜等优点；家用小型发酵桶可选择体积为5~100升

的玻璃材质或者不锈钢材质的发酵容器。

一 不锈钢发酵罐

可选用斜底发酵罐,造价低,可配有冷却带,使用非常方便。自动或手动控温发酵,如图3-2所示。

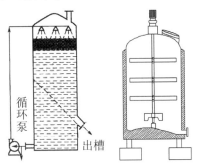

图3-2 传统立式发酵罐

二 家庭用酿酒容器

1. 不锈钢自酿果酒发酵桶

不锈钢自酿果酒发酵桶优点:占地面积小、密闭性好、干净卫生、防腐蚀。缺点:价格高。

不锈钢自酿果酒发酵桶要满足以下要求:桶盖带有排气阀,确保多余的气体能及时释放;桶侧面要有液位刻度;桶盖要带橡胶垫圈;要有出酒口。如图3-3所示。

图3-3 不锈钢酿酒器

2. 玻璃发酵瓶

玻璃发酵瓶优点:容易清洗,立体通透,移动方便。缺点:易碎。

玻璃发酵瓶要满足以下要求:特制加厚玻璃,无铅。

3. 食品级塑料发酵桶

白色食品级塑料发酵桶优点:较轻,易清洗、易搬运,操作方便,使用成本低。缺点:影响美观,有的劣质桶会导致果酒塑化剂超标。

塑料发酵桶要满足以下要求:特制加厚,环保安全,无异味。

4. 陶缸

陶缸优点:透气性好,比较适合果酒发酵。缺点:易碎、太过笨重,清洗、进出料不方便。

▶ 第二节 过 滤 设 备

酿酒后需要将悬浮液中的两相进行分离。悬浮液是由液体(连续相)和悬浮于其中的固体颗粒(分散相)组成的系统。过滤过程可以在重力场、离心力场和表面压力的作用下进行。果酒过滤操作主要是饼层过滤。

一 板框压滤机

1. 过滤纸板类型

根据所用的材料不同,过滤纸板可分为石棉板和聚乙烯纤维纸板等;根据其过滤效果或过滤目的不同,一般可分为澄清板和除菌板。除菌板孔隙可达到0.2微米的过滤级别。板框压滤机的过滤面积较大,操作压力较高,对物料适应性强,应用较广。但因为是间歇操作,所以生产效率低、劳动强度大,滤材损耗也较快。

2. 操作步骤

(1)清洗。过滤之前将全部滤片及阀门接头拆下,用1%的热碱水浸泡后用软毛刷刷干净,再用清水漂洗干净,并检查密封圈是否完好,全部零部件安装就位,检查是否有橡胶圈、密封圈未被安装上。

（2）纸板安装。拆箱取板时一定要轻拿，以免纸板面相互摩擦，防止起皮。要注意纸板安装时正反面不能装错。

（3）过滤。关闭出口阀门，打开排气阀。接通进液阀。开启输液泵，缓缓打开进口阀门，使液体进入过滤机。当过滤腔内空气被完全排出，液体从开放的阀门流出时，缓慢打开出液阀，并关闭排气阀。过滤操作注意事项如下：

第一，调整进出口阀门的开度，调整过滤量不得大于能力要求，使进出口的压力差达到正常要求。

第二，开始过滤之前，为除去过滤纸板里的纤维，可循环15分钟以上（即已通过过滤机过滤的酒回到原罐），从视镜中观察到液体变得澄清透亮时转入正式过滤。

第三，过程中应尽量避免中间停止，在必须停止的情况下，则应关闭出口阀门，并使过滤机处在一定压力之下。在整个过滤过程中，要保持压力平稳，避免造成纸板破裂而影响过滤质量。

第四，过滤结束，关闭输液泵和所有的阀门，将过滤机中残留的酒液退出。

二 硅藻土过滤机

1. 硅藻土过滤机类型

硅藻土过滤机如图3-4所示，按照过滤单元的形式又分为柱式和板式。

2. 硅藻土过滤机优缺点

优点：不改变风味，无毒，无悬浮物、沉淀物，澄清透明，滤清度高，占地面积小，轻巧灵活，移动较方便。

缺点：过滤精度不高，须有硅藻土回收或沉淀等措施。

3. 硅藻土过滤机操作步骤

（1）预涂。预涂是硅藻土过滤的重要步骤，预涂的目的是在滤网上形成硅藻土滤层，使果酒从最初就达到理想的澄清度，最终脱去失效的滤饼。简单地说，预涂过程就是循环计量罐和过滤罐之间的内部过滤

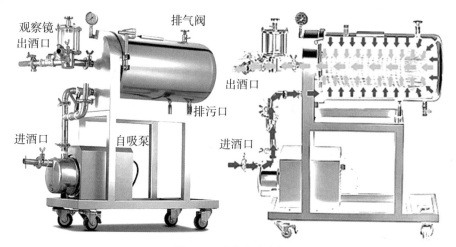

观察镜
出酒口

排气阀

出酒口

排污口

进酒口

自吸泵

进酒口

图3-4　硅藻土过滤机

循环。

（2）过滤。预涂完成后，通过阀门的变换开始过滤，随着过滤过程的不断进行，需要定期向循环计量罐中补加一定量的硅藻土。因此，滤饼层会逐渐增厚，过滤阻力会越来越大，当阻力超过设备的最大值时应停止过滤。

（3）残液过滤。过滤停止后，过滤罐和循环计量罐内还残余一部分酒液，这部分酒液可通过残渣过滤器过滤完全。

（4）排渣清洗。残液过滤完毕后，打开过滤罐的底部排渣孔，启动过滤罐的电机，使过滤罐内的过滤片高速旋转，滤渣在离心作用下呈碎片状甩出。之后取出残渣过滤器的滤芯，清洗干净。开启清洗喷水系统进行冲洗，将过滤罐、循环计量罐及附属管路彻底冲洗干净。

三　膜过滤机

1. 膜滤芯种类

膜过滤机如图3-5所示，滤芯有平板状、管状、毛细管状（空心纤维）等几种结构形式。

2. 优缺点

优点：膜过滤机无介质脱落，孔径均匀，高吸附少，过滤精度高，能有

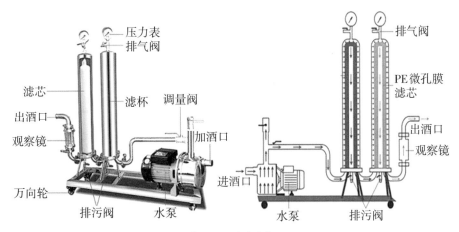

图3-5　膜过滤机

效去除杂菌,操作方便。

缺点:容易堵塞,成本高。

3.膜过滤机操作步骤

(1)安装滤芯。带上栓,观察弹簧压力是否正常,同时检查外壳胶垫是否完好,然后将外壳上好,严禁反冲洗,以免损坏膜块。

(2)滤芯灭菌。将水温升到80~85℃进入灭菌阶段,开始计时,并保证一定的压力,30分钟后用冷水冷却滤筒外表。灭菌结束,关闭热水进口,打开排水阀。

(3)过滤。打开泄流阀,慢慢打开进酒阀门,直到酒液从泄流阀排出,关闭泄流阀,慢慢打开出酒阀门,过滤开始,此时记下入口、出口压力。排气循环过滤一定时间,酒液至清亮后,再开、关一下泄流阀,以确定排出所有空气。保证进、出口达到一定压差后,将过滤的酒液送至灌装机。此后,每小时记录一次进出口压力。当压力突然大幅度下降或流量已降到无法满足生产时,应更换滤芯。

(4)灌装结束后,将灌装机、过滤机中余留的酒液排出,用25℃左右的水将过滤机清洗一遍,开始进行55~60℃的热水清洗和灭菌操作。

▶ 第三节 杀 菌 设 备

一 杀菌方法

　　在一定温度范围内,温度越低,细菌繁殖越慢;温度越高,细菌繁殖越快(一般微生物生长的适宜温度为28~37℃)。但温度太高,细菌就会死亡。不同的细菌有不同的最适生长温度和耐热、耐冷能力。高温瞬时杀菌其实就是利用病原体不是很耐热的特点,用适当的温度和保温时间处理将其杀灭。

二 甜酒杀菌设备介绍

　　甜酒杀菌设备由加热部分和冷却部分组成,如图3-6所示。参数见表3-1。

图3-6　甜酒杀菌设备

表3-1　甜酒杀菌设备参数

项目	数值	项目	数值
电源	220伏/50赫兹	自吸泵功率	75 W
处理速度	150升/时	换热效率	60%左右
杀菌温度	92~95℃	杀菌时间	1分钟左右
加热盘管长度	16米	冷却盘管内管长度	15米
冷却盘管外管长度	15米	冷却方式	原酒降温

三 使用说明

（1）将控制箱内的空开推上，打开设备上部的船型开关，指示灯亮表示设备通电正常，这时加热桶开始加热（请再次确认导热油是否已经添加完成），待加热桶温度升高至设定值后，再打开冷酒泵，将冷酒抽入杀菌机，此时由于换热不足，酒液温度低，尚未能被彻底杀菌，出酒后可单独保存或者再次进入杀菌机循环。待控制箱上部显示杀菌温度升至90℃以上30秒后，此时的酒液可以直接灌装或者无菌保存。

（2）用户需根据实际情况调整合适的杀菌温度（具体调整方法请见温度控制仪使用说明书），出厂预置导热油桶温度设定值为120℃，可以将20℃的冷酒加热至92~94℃并保持2分钟，然后在极短时间内将酒液降温至30~32℃，在杀灭酵母菌的同时不影响口感。用户可根据需要自行提高或降低导热油桶温度：如对于冷酒液，可适当降低导热油桶设定温度，否则会造成出酒温度高；反之亦然。如需提高杀菌温度，可适当提高导热油桶的设定温度，但过高的温度会造成口感问题以及使杀菌速度减慢。

四 杀菌设备操作注意事项

（1）首次使用前，请先确定厂房电路能承载的电源负荷。连接设备的电缆建议使用能承载电源负荷的铜线，并连接冷酒管路和杀菌酒管路。将导热油倒入设备加热桶内，由于导热油加热后会膨胀，不能加满，加入量以刚接触最顶部盘管下沿为宜，后期如果不够可以少量添加。导热油加注完成后请盖好上盖，固定好卡箍，防止热油溅出。

(2)设备长时间停用后首次使用,请先检查线缆、管路是否完好,导热油的量是否足够,并冲洗整个管路后再使用。

(3)设备准备完成后,即可进行杀菌操作。首先请熟悉设备各个部分的操作和作用,以免造成不必要的损失。

▶ 第四节　灌装、打塞设备

目前,果酒的封装一般都采用机械设备去完成,有条件的农场主购置了现代化的生产线,使其生产效率大大提高,并且有效地保证了产品质量。果酒封装设备包括灌装、压塞、热缩胶帽、贴标等设备。在此对生产线的主要设备做一般性介绍。

一　灌装设备

果酒常用的灌装方法有常压灌装、等压灌装和虹吸灌装。按自动化程度,灌装设备又分为半自动灌酒机和全自动灌酒机。半自动灌酒机是最简单的灌装设备。灌装时,只需操作工将洗净的瓶子插入导酒管,即可将酒灌进瓶中,靠导管伸入瓶内的长短来控制酒的装量,成本也较低。

1. 常压灌装设备

常压法又称纯重力法,即在常压下,液体物料靠自身重量流入包装容器。大多数不含气体的自由流动液体物料都可以用这种方法灌装,如白酒、果酒、牛奶、酱油、醋等。常压灌装的特点是设备简单,容易操作。该法广泛应用于不含气体的液料的灌装。

2. 等压灌装设备

等压法又称压力重力灌装法,即在气压较高的情况下,先给包装容器充气,使气压与贮液罐内的气压相等,然后灌装液体依靠自身的重量流入包装容器。这种方法普遍应用于含气饮料的灌装,如汽水、啤酒和起泡类酒均用此类灌装设备。

二 洗瓶机、烘干机

洗瓶机喷淋压力可调大小,内冲外淋。烘干机热风循环,快速烘干。这两种设备对于装瓶过程非常重要,如图3-7和图3-8所示。

三 打塞、贴标设备

图 3-7　洗瓶机　　　图 3-8　烘干机

1.压塞机

压塞机是把各种规格软木塞打进瓶子的设备,手持式(图3-9)很难控制,落地式(图3-10)容易操作。

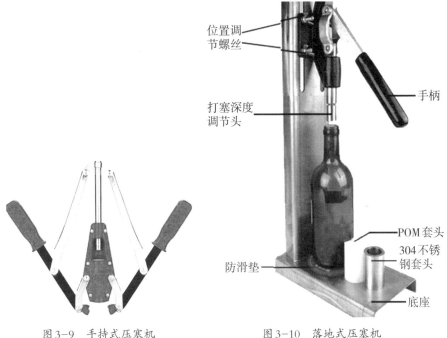

图 3-9　手持式压塞机　　　图 3-10　落地式压塞机

2.贴标机

贴标机用来粘贴商标。高效贴标机可贴身标、颈标、背标以及圆锡箱套等。贴标机按取标方式,可分为真空吸标和机械取标两种。

3.热塑枪

热塑枪又称酒瓶封口机(图3-11),特别要注意的是热风枪启动后,切勿离开操作者视线,若要离开,务必拔掉电源。

图3-11　热塑枪(酒瓶封口机)

▶ 第五节　其他设备

一 破碎设备

破碎机主要有手摇破碎机和自动破碎机,用破碎机能够快速处理水果,节省人工。

二 榨汁机

榨汁机有手动榨汁机和自动榨汁机,用榨汁机能快速得到果汁。

三 贮存容器

贮存容器最好选择玻璃瓶或用不锈钢、陶瓷等材料做成的,尽量不要用塑料饮料瓶及铁、铝材质的容器存放,以免产生有毒物质。

四 折射计

折射计是用来测量水果含糖量的仪器,可帮助判断采收期和发酵进展。

(五) 发酵辅助设备

1. 排气阀

排气阀主要有不锈钢、塑料、玻璃三种排气阀。排气阀可以将发酵中产生的气体及时排出，以免污染发酵酒液。最常见的是塑料材质的。特别要注意的是避免玻璃排气阀破碎，以防碎玻璃渣进入发酵桶。

2. 桶孔塞

桶孔塞材料为橡胶材质，以便于将排气阀插到主发酵容器上。

3. 自动虹吸装置/虹吸管

通过利用自动虹吸装置/虹吸管，将酒从一个容器转移到另一个容器。

4. 比重计

比重计是一种计量器具，也叫作密度计。它可以用来监测果汁液的发酵进程，粗略估算果汁含糖量。采购时当注意测量范围，果酒厂常用 0.9 ~ 1.0、1.0 ~ 1.1，特殊的果酒也会用到 1.1 ~ 1.2。

5. 温度计

用温度计可监控酿酒过程中不断变化的温度。尽量选用煤油温度计。宜选择测量范围为 0 ~ 50℃的，以方便观察控制。

6. 不锈钢棍

不锈钢棍用来捣碎水果，并在发酵过程中搅拌果皮和果汁。需要注意的是，捣棍不能太短，以免影响搅拌。同时要注意及时清洗，避免被附着在不锈钢棍表面的杂菌污染。

7. 滤纸

手工酿造果酒时，可用滤纸来过滤酒液。需要注意的是，要待酒液静止沉淀后再过滤，若肉眼观察酒液混浊，最好先不要过滤。滤纸的孔径粗细不一，需根据实际需求采购合适规格的滤纸。

第四章 果酒原料

第一节 葡 萄

果酒首先要根据水果品种的特点,准确定位果酒类型,使水果的酿酒品质与经济效益发挥到最佳。除传统酿酒水果外,还有大量的水果可以利用,如北方的桃子、桑葚、杏、樱桃、柿子、李子、石榴等,南方的荔枝、龙眼、香蕉、杨梅、菠萝、火龙果等均可加工成具有特色的果酒。经验丰富的酿酒师还可根据经验,利用不同水果间的相互搭配,取长补短,生产出风味独特的果酒。因此,在酿酒前要针对水果原料的特点合理设计产品的类型或风格,制定适宜的酿酒工艺流程,选择合适的设备。

一 葡萄分类

葡萄,按种群可分为四大种群,欧亚种群、东亚种群、美洲种群、杂交种群;按用途可分为五种,鲜食品种、酿造品种、制罐品种、制汁品种、制干品种;按成熟期可分为三种,早熟品种、中熟品种、晚熟品种等。

二 常见酿酒葡萄品种介绍

葡萄在我国栽培广泛,是重要的经济果树作物。我国是世界上最大的鲜食葡萄生产国,80%以上的葡萄为鲜食葡萄,而酿酒葡萄的占比不到20%。国外对酿酒葡萄的品种十分重视,经典的葡萄酒都是用特定的葡萄品种酿造的,常见葡萄品种如图4-1所示。

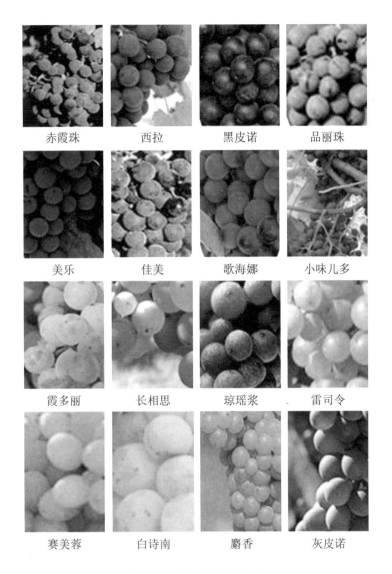

赤霞珠	西拉	黑皮诺	品丽珠
美乐	佳美	歌海娜	小味儿多
霞多丽	长相思	琼瑶浆	雷司令
赛美蓉	白诗南	麝香	灰皮诺

图4-1　常见酿酒葡萄品种

1.赤霞珠

赤霞珠别名解百纳,欧亚种,原产于法国,晚熟品种,生长期为140～150天。浆果含糖量为160～250克/升,含酸量为6～8克/升,出汁率为70%～80%。该品种是世界上著名的酿造红葡萄酒的优良葡萄品种,所酿制的酒呈红宝石色,口感醇和协调,酒体丰满,酒的表面与杯接触的边缘往往会呈现棕色的环状折射,陈旧的赤霞珠红葡萄酒会变成淡棕色。在

不同条件下,赤霞珠的香气表现不同,可表现出黑莓、黑茶藨子的果香,采收时如果葡萄成熟不足的话,便会带青椒、青草、薄荷味。存放数年之后又会转为接近深色的果实如黑加仑子的味道,这个时候,果香与橡木的烟熏味混成一体,异常复杂。也有些赤霞珠带有如咖啡豆、朱古力、烟草般的气味,极具典型性。

2. 蛇龙珠

蛇龙珠属于欧亚种,原产于法国,晚熟品种,生长期为150天,浆果含糖量为160~195克/升,含酸量为5.5~7.0克/升,出汁率为75%~78%。该品种所酿酒为宝石红色,酒质丰满,柔和爽口,稍粗糙。

3. 品丽珠

品丽珠属于欧亚种,原产于法国,晚熟品种,生长期为150~155天,浆果含糖量为180~240克/升,含酸量为7~8克/升,出汁率为70%左右。该品种是世界上酿制红葡萄酒的名贵品种,是赤霞珠、蛇龙珠的姐妹品种。所酿制的红葡萄酒呈宝石红色,果香和酒香是特有的浓烈青草味,混合可口的黑加仑子和桑葚的果味,因酒体较轻淡,在当地的主要用途是调和赤霞珠所酿的酒。

4. 黑比诺

黑比诺别名黑美酿,原产于法国,中熟品种,生长期为128~160天,浆果含糖量为170~200克/升,含酸量为6~10克/升,出汁率为70%~75%。所酿制的红葡萄酒呈宝石红色,果香浓郁,最能反映土质特色,酒色不深,但细致圆润、变化丰富、适宜久存。黑比诺适合种植于气候偏寒地区,和石灰黏土的山坡地。黑比诺酿的酒有一种水果的香甜味,有樱桃、草莓的果香,陈酿后又有李子干和巧克力的味道,口感非常和谐、自然。黑比诺能够酿造出细致的红葡萄酒,也是很重要的香槟品种,但该品种较难栽植。

5. 佳丽酿

佳丽酿别名法国红,属于欧亚种,原产于西班牙,晚熟品种,生长期为150~168天,浆果含糖量为150~190克/升,含酸量为9~11克/升,出汁率为80%~85%。所酿制的红葡萄酒呈宝石红色,味正,香气浓烈,酒

体丰满,宜与其他品种的酒调配。

6. 哥海娜

哥海娜是全世界最广泛种植的红葡萄品种之一,尤其是在西班牙、澳大利亚和法国这些气候炎热干燥的产区。歌海娜酿造的酒带有非常清爽柔顺的口感,果味浓郁,尤为讨人喜欢。这种葡萄果皮很薄,颜色很淡,非常容易酿造,因此在通常情况下,歌海娜常被用来和其他葡萄品种进行混酿,有时也用来酿成桃红葡萄酒。歌海娜的特点有:深紫色,含糖量高,果实结实,密度高,香气浓郁,含黑樱桃、黑醋栗、黑胡椒与甘草味,自然酒精度可达18%,酸度低,单宁含量中等。

7. 小味儿多

小味儿多葡萄呈球形,深蓝色,皮厚。属于那种比较个性张扬的品种,单宁含量高,酒精度高,酸度高,香气馥郁。小味儿多在法国波尔多各个产区都有种植,占波尔多产区面积的0.4%。主要在波尔多葡萄酒中起到调和的作用,能增加单宁含量,带来香料的气息,并使酒质变得更稳定。

8. 贵人香

贵人香别名意斯林、意大利雷司令,属于欧亚种,原产于意大利,晚熟品种,生长期为140~155天,浆果含糖量为170~200克/升,含酸量为5~9克/升,出汁率为70%~80%。该品种属于世界上酿造白葡萄酒的主要品种,也是制汁的好品种。所酿制的白葡萄酒呈浅黄色,果香浓郁,味醇爽口,回味悠长。

9. 赛美蓉

赛美蓉属于欧亚种,原产法国,晚熟品种,生长期为130~140天,浆果含糖量为180~210克/升,含酸量为7~8克/升,出汁率为80%,产量中等。所酿制的葡萄酒呈黄绿色,澄清透明,以丰满、馥郁的果香及辛香为特征,是生产干白葡萄酒和甜葡萄酒的优良品种。

10. 白羽

白羽别名白翼,属于欧亚种,原产于苏联,属黑海品种群。生长期为147~170天,浆果含糖量为150~190克/升,含酸量为7~9克/升,出汁率为80%。所酿制的葡萄酒呈浅黄色,澄清发亮,酒质优良,清香幽微,味正

爽口,回味良好。

11. 灰比诺

灰比诺又名灰皮诺,属于欧亚种,原产于法国,早熟品种。生长期为133～148天,浆果含糖量为160～195克/升,含酸量为7～10克/升,出汁率为75%。所酿制的白葡萄酒呈浅黄色,清香爽口,回味绵延。能酿制出优质起泡葡萄酒。

12. 西拉

西拉也叫席哈,西拉子,属于欧亚种。目前是澳大利亚的代表品种,原产于法国。生长期为130～140天,浆果含糖量为180～240克/升,含酸量为7～8克/升。所酿制的葡萄酒中单宁含量高,结构紧实,抗氧化能力好,适宜于陈年,具有类似香料、胡椒的气息。采用西拉酿造的葡萄酒类型也是丰富多样的。

13. 霞多丽

霞多丽也叫莎当妮,属于欧亚种,原产于法国,早熟品种,产量中等。所酿制的葡萄酒呈黄绿色,澄清透亮,果香浓郁,具甜瓜、无花果的香气,陈酿后可具奶油糖果及蜜香,回味优雅,酒质极佳。

14. 长相思

长相思属于欧亚种,原产于法国。浆果含糖量为170～200克/升,含酸量为8～9克/升,出汁率为70%。所酿制的白葡萄酒呈浅黄色,果香浓,香气为青草果叶味,是典型的青草香的品种。

15. 雷司令

雷司令属于欧亚种,原产于德国,中熟品种,生长期为140～150天,浆果含糖量为170～210克/升,含酸量为5～7克/升,出汁率为75%。所酿制的白葡萄酒呈浅黄绿色,澄清发亮,香气浓郁复杂,具有柑橘类果实的典型香气,醇和爽口,回味绵延。陈年使雷司令的颜色从淡绿苹果色变成深金色,带有轻微的汽油味和非常明显的迷人的熟水果香与蜜香。

16. 琼瑶浆

琼瑶浆又名特拉密,原产于中欧(德国南部、奥地利及意大利北部),属于欧亚种。它的果皮为粉红色,带有独特的荔枝香味。所酿制的酒色

泽金黄,香气甜美浓烈,有荔枝、薰衣草、玫瑰、肉桂、橙皮,甚至麝香的气味。

17. 山葡萄

山葡萄是我国的野生葡萄,又名葛芦刺葡萄等。山葡萄的适应性很强,在我国北方多地均有分布,特别是在东北地区有着较密集的种植,大部分用于酿制甜葡萄酒,用它酿制的葡萄酒在世界上独树一帜。

▶ 第二节 苹 果

苹果分为三大类,分别为酒用品种、烹调品种、鲜食品种,如图4-2所示。苹果中富含大量的糖分、有机酸(苹果酸、鞣酸)、膳食纤维、多种维生素(维生素A、B族维生素、维生素C、维生素E和烟酸等)、黄酮类和一些芳香类物质。

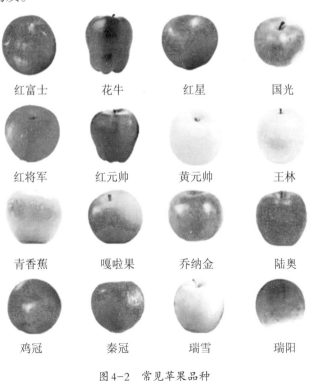

红富士	花牛	红星	国光
红将军	红元帅	黄元帅	王林
青香蕉	嘎啦果	乔纳金	陆奥
鸡冠	秦冠	瑞雪	瑞阳

图4-2 常见苹果品种

酿造酒的苹果原料的成熟度要高,无腐烂,根据经验,酿酒苹果要进行合理的品种配置,甜型苹果必须与酸型苹果混合,仅靠单一品种很难酿出好苹果酒。

英国从17世纪开始培育酿酒专用苹果,酿造果酒的苹果含糖量与鲜食品种接近,酸和单宁含量均高于鲜食品种,难以适口,但香味浓郁,特别适合发酵酿制苹果酒。

一 酿酒用苹果成分

国内现在主要利用国光、金冠、红富士、新红星、秦冠等鲜食品种酿制苹果酒,酿制时最好是能与一些野生品苹果水果混合使用,因为大多数野生苹果的单宁和酸含量较高。典型苹果品类的成分比较见表4-1。

表4-1　典型苹果品类成分比较[%(质量分数)]

成分	Brammey（酸型）	富士（甜型）	Cox（鲜食苹果）	典型甜涩型苹果	理想酿酒用苹果汁
糖	10	11～15	12	15	15
苹果酸	>1	0.15	0.5	<0.2	0.4
单宁	<0.05	0.015	0.1	>0.2	0.2
含氮物质	0～0.000 3（根据栽培条件不同而变化）				
淀粉	0～2（根据成熟度不同而变化）				

二 常见苹果品种介绍

1. 红富士

红富士是苹果界最负盛名、知名度最高的品种。果实圆或近圆形,底部较平,单果个大,大小整齐,端正,果面平滑,有果粉并有光泽,蜡质层厚。底色黄绿,色泽艳丽,条红或片红着色。在烟台,成熟期一般在10月中下旬至11月上中旬。该苹果比较耐贮存,含糖量为10%～16%,糖酸比为20～60,苹果汁发酵速度缓慢,是适于单一品种酿造苹果酒的品种之一。

2. 红将军

红将军原产于日本,外观和红富士十分相似,但是一般情况下会比

红富士提前30~40天上市,且果实比红富士要大。黄白色的果肉甜脆爽口,香气浓郁,汁多,皮非常薄。

3. 金帅

金帅又名金冠,原产于美国。长圆形或圆形,果皮底色黄绿,成熟后是金黄色的。通常在中秋节前就有上市。虽然颜色偏绿,却不酸,肉质细,味道偏甜,香气比较浓郁,适合酿造苹果酒。

4. 乔纳

乔纳金是由金冠×红玉苹果杂交育成的。果实圆锥形,底色绿黄或淡黄,阳面大部有鲜红霞和不明显的断续条纹;果面光滑有光泽,蜡质多,果肉乳黄色,有早结果、早丰产的特性。

5. 红星

红星个大,颜色好,熟透时红彤彤的。果面光滑,富有光泽,十分鲜艳夺目,果肉淡黄色,松脆多汁,香气浓郁。

6. 国光

国光苹果也是一种大家非常熟悉的品种,虽然果实较小,但是口感清脆、酸甜,耐贮存,颜色一般为青中泛红或通体翠绿,贮存一段时间后变为红色。

7. 嘎啦果

嘎啦果又名咖喱果,是苹果的一种,由桔苹和元帅杂交而成,原产于新西兰。嘎啦果较红富士要小一些,果实色彩鲜艳,果型端正美观,果皮薄,有光泽,果肉浅黄色,肉质致密、细脆、汁多,味甜微酸。

8. 早熟冰糖心

早熟冰糖心的果核部分会有透明现象,俗称“糖心”,果面光滑细腻。

9. 金冠

金冠原产于美国,果实呈黄绿色,较耐贮存,汁液丰富。糖度较高,酸度适中,适合酿造苹果酒。

10. Ashton Bitter

该品种是英国常用酿酒专用品种,早熟品种,具有浓郁的甜涩风

味。果汁中由于含有足够的单宁和香味物质而具有丰满的甜涩风味,适合与其他品种混合酿造苹果酒。

11. Brown's Snout

Brown's Snout是早熟品种,原产于英国,酸度为0.67%,单宁含量为0.12%。可酿造优质的酸苹果酒,酒味纯净而新鲜,有浓郁的果香味。

12. Bulmer's Norman

Brown's Snout是早熟品种,口感甜涩,酸度为0.24%,单宁含量为0.27%。所酿制的果酒具有爽口的甜涩风味及强烈的收敛感,果汁发酵迅速。

13. Harry Master Jersey

Harry Master Jersey是中熟的苦甜型苹果,可单独生产出优质苹果酒。

第三节　其他水果

梨果实肉脆多汁,酸甜可口,风味芳香优美。梨果实有医用价值,富含钾、钠、钙、镁、铜、锌、铁、锰等元素。梨酒的营养丰富,且酿造工艺相对简单。开发梨酒不仅解决了梨的贮存问题,还丰富了果酒品种。梨的常见品种如图4-3所示。

1. 鸭梨

鸭梨属于蔷薇科梨属,具有较高的营养与药用价值。以鸭梨为原料生产低度饮料酒,既可利用资源优势,又可节约酿酒用粮,且增加果农收入,具有很好的社会效益和经济效益。

2. 刺梨

刺梨具有极高的营养价值和药用价值。它味甘而酸涩,健胃,消食,治食积饱胀,是酿造干白梨酒的较好原料。

| 雪花梨 | 玉露香梨 | 香梨 | 贵妃梨 |

| 南果梨 | 酥梨 | 酥梨 | 京白梨 |

| 鸭梨 | 早红考蜜梨 | 黄金梨 | 烟台梨 |

| 彩虹梨 | 香水梨 | 冬果梨 | 苍溪梨 |

图4-3　常见梨品种

二　猕猴桃

猕猴桃又名藤梨、阳桃、茅梨、奇异果,属于猕猴桃科。果肉呈翠绿色,甜酸适口,清爽宜人,酿造的猕猴桃酒香气浓郁,后味清爽。常见猕猴桃种类如图4-4所示。

1. 秦美

秦美原代号为“周至111”,属于美味猕猴桃品系。成熟后果肉为翠绿色,肉质较细,总糖含量为11.18%,有机酸含量为1.6%。所酿制的猕猴桃酒酸甜清香,风味较佳。

39

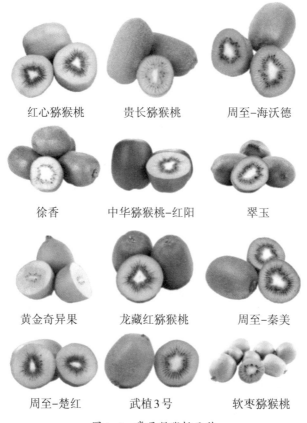

红心猕猴桃　　　　贵长猕猴桃　　　　周至-海沃德

徐香　　　　中华猕猴桃-红阳　　　　翠玉

黄金奇异果　　　龙藏红猕猴桃　　　　周至-秦美

周至-楚红　　　　武植3号　　　　软枣猕猴桃

图4-4　常见猕猴桃品种

2. 金桃

金桃是从野生"中华猕猴桃"优良株系"武植81-1"中选出的变异单系。果肉最开始是黄绿色的,成熟后变成金黄色,果心又小又软。总糖含量为7.8%～9.71%,有机酸含量为1.19%～1.69%。所酿制的猕猴桃酒香气浓郁。

3. 红心

红心是"中华猕猴桃"中的红肉猕猴桃的变种,属于特早熟红心品种。靠近果心的部位显露出红色,总糖含量为8.97%～13.45%,有机酸含量为0.11%～0.49%,鲜果肉中维生素C含量为1 358～2 500毫克/千克。

4. 海沃德

海沃德属于美味猕猴桃品系,是我国猕猴桃的主栽品种之一。果肉

为翠绿色,果心较大,总糖含量为9.8%,总酸含量为1.0%~1.6%,维生素C含量为480~1 200毫克/千克。

5. 翠香

翠香属于美味猕猴桃品系,中早熟品种。果肉翠绿翠绿的,果心呈细柱状,总糖含量为5.5%,总酸含量为1.3%,维生素C含量为1 850毫克/千克。

6. 脐红

脐红猕猴桃属于红肉型中华猕猴桃新优系。软熟后果肉为黄绿色,果心周围呈鲜艳放射状红色,总糖含量为12.56%,总酸含量为1.14%,维生素C含量为1 881毫克/千克。

（三）樱桃

樱桃有中国樱桃、甜樱桃、酸樱桃和毛樱桃等品种。樱桃不仅营养丰富,酸甜爽口,樱桃果实皮薄汁多,色泽鲜红,出汁率高达55%甚至更高,果汁含糖量为60~100克/升,含酸量为0.8%左右,具有特殊的樱桃芳香,适合酿造发酵酒。

（四）草莓

草莓是一种适应性较强的多年生草本植物,生长周期短,果实形状似鸡心,果实红色、皮薄、含汁高,香甜可口,营养丰富。草莓汁中含糖量为60~120克/升,维生素C含量为0.5~1克/升,酿造的草莓酒香气浓郁,酸甜协调。常见草莓品种如图4-5所示。

1. 章姬

章姬别名奶油草莓,果肉淡红色,细嫩多汁,浓甜美味。

2. 红颜

红颜又称红颊,是日本静冈县用章姬与幸香杂交育成的早熟栽培品种。红颜草莓的糖度可达15%。

3. 隋珠

隋珠的最大特色是早熟,果皮红色,果肉橙红色,肉质脆嫩香味浓

郁,带蜂蜜味,含糖量为12%~14%,口感极佳。

红颜	章姬	鬼怒甘	丰香
红袖添香	京藏香	女峰	雪里香
桃熏	美香莎	天仙醉	圣诞红
黑珍珠	宁玉	妙香	小白
法兰地	甜查理	隋珠	香蕉

图4-5 常见草莓品种

4. 丰香

丰香原产于日本,果实表面颜色呈鲜红色,十分具有光泽感。

5. 阿尔比

阿尔比属于欧美品种,颜色深红有光泽,髓心空,质地细腻,果实酸
甜适中。

6. 甜查理

甜查理是美国草莓品种,果肉粉红色,香味浓,甜味大,糖度为
12.8%,可溶性固形物为11.9%。

五 石榴

　　石榴果实性清凉,有生津化食、健脾益胃功效。石榴酒风格独特,是一种营养价值很高的饮料酒。将石榴加工成石榴酒,很好地保持了石榴的风味和特征。常见石榴品种如图4-6所示。

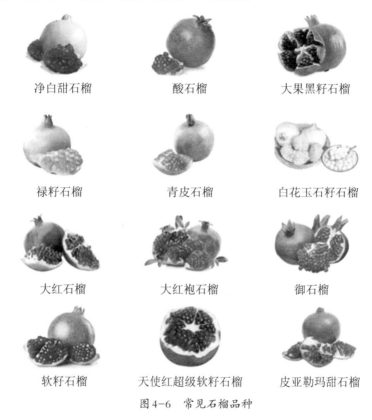

<table>
<tr><td>净白甜石榴</td><td>酸石榴</td><td>大果黑籽石榴</td></tr>
<tr><td>禄籽石榴</td><td>青皮石榴</td><td>白花玉石籽石榴</td></tr>
<tr><td>大红石榴</td><td>大红袍石榴</td><td>御石榴</td></tr>
<tr><td>软籽石榴</td><td>天使红超级软籽石榴</td><td>皮亚勒玛甜石榴</td></tr>
</table>

图4-6　常见石榴品种

1. 泰山大红石榴

　　泰山大红石榴果面光洁,呈鲜红色,果实近圆形或扁圆形,皮薄,籽粒鲜红、透明、粒大肉厚,核半软,汁多、味甜微酸,口感好,品质上等,风味极佳。

2. 冠榴

　　冠榴是大青皮甜的变种,果皮紫红色,带有少量锈斑,籽粒呈红色或浅红色。

3. 红石榴

红石榴的果实中不但含有丰富的维生素 C 和 B 族维生素,还含有一些维生素 A 和维生素 D。

4. 无籽水晶石榴

无籽水晶石榴为极珍稀石榴新品系,浓甜微酸,口感极佳。

5. 河阴石榴

河阴石榴是一种古老的树种,最早产于中亚一带。河阴县栽培石榴始于汉,是西汉博望侯张骞从西域引入的,而盛于唐。河阴石榴有保健作用,果实性温涩,具润燥收敛之效,主治咽喉燥渴。

第五章 酿酒辅料

在水果丰收季节,我们自酿果酒时,玻璃瓶里发酵出了一些小气泡,五天后上面长白毛了,而合理地添加辅料可以起到保护发酵的作用。

▶ 第一节 二氧化硫

一 二氧化硫的作用

在葡萄酒生产过程中,二氧化硫(SO_2)几乎是不可缺少的一种辅料,起着极其重要的作用。在葡萄汁保存、葡萄酒酿制及酿酒用具的消毒杀菌过程中,常常需要添加SO_2或能产生SO_2的化学添加物,以保证葡萄酒生产的顺利进行。SO_2在葡萄酒生产中的作用有以下几点。

(1)杀菌防腐作用。SO_2可抑制部分微生物的生长,被抑制的多数是对葡萄酒酿造起不良影响的微生物,如果皮上的一些野生酵母、霉菌及其他一些杂菌等。根据水果的质量、外界的温度等,使用适量的SO_2,可使优良酵母获得良好的生长条件,从而保证葡萄酒的正常发酵。

(2)抗氧化作用。SO_2与葡萄汁或葡萄酒中的水发生水合反应产生亚硫酸。亚硫酸自身易被葡萄汁或葡萄酒中的溶解氧氧化,使其他物质(芳香物质、色素、单宁等)不易被氧化,阻碍了氧化酶的活力,因而具有停滞或延缓葡萄酒氧化的作用,对防止葡萄酒氧化浑浊、保持葡萄酒的香气都很有好处。

(3)增酸作用。在葡萄汁中添加SO_2,可一定程度地抑制分解酒石酸、苹果酸的细菌。SO_2又与苹果酸及酒石酸的钾、钙等盐作用,使它们

的酸游离,增加了不挥发酸的含量。同时,亚硫酸与溶于葡萄汁或葡萄酒中的氧发生氧化反应生成硫酸,也使酸度增高。

(4)澄清作用。在葡萄汁中添加适量SO_2,可延缓葡萄汁的发酵,使葡萄汁获得充分的澄清。澄清作用对制造白葡萄酒、淡红葡萄酒以及葡萄汁过程中的杀菌有很大帮助。在葡萄汁中添加大量的SO_2,可使其在较长时间内不发酵或推迟发酵。

(5)溶解作用。将SO_2添加到葡萄汁中,SO_2与水发生化合反应会立刻生成亚硫酸(H_2SO_3),H_2SO_3能够促进果皮中色素等成分的溶解。这种溶解作用对葡萄汁和葡萄酒色泽有很好的保护作用。

二 二氧化硫的来源

1. SO_2液体

气体SO_2在一定的压力或低温条件下可转化成液体。在大型发酵容器中,加入SO_2液体最简单、最方便。在良好的控制下,通过测量仪器,可将SO_2液体定量、准确地注入葡萄汁或葡萄酒中。

2. 亚硫酸

SO_2通入水中后与水发生化合反应即生成亚硫酸,一般酒厂使用的亚硫酸浓度为6%。亚硫酸多用于冲刷酒瓶。添加亚硫酸会稀释葡萄汁或葡萄酒,因此不主张在葡萄汁或葡萄酒中直接加入亚硫酸。

3. 偏重亚硫酸钾

偏重亚硫酸钾($K_2S_2O_5$)是一种白色、具有亚硫酸味的结晶,理论上含SO_2为57%(实际使用中按50%计),必须在干燥、密闭的条件下保存。使用前先研成粉末状,分数次加入到软水中,一般1升水中可溶偏重亚硫酸钾50克,待完全溶解后再使用。不同来源的SO_2的应用环节及使用方法见表5-1。

表5-1　SO_2形式、应用环节及使用方法

名称	SO_2含量	应用环节	使用方法
偏重亚硫酸钾	以50%计	前处理	用10倍重量的软化水溶解,立即加入
亚硫酸	6%～8%	前处理、容器杀菌、SO_2调整	直接加入

名称	SO₂含量	应用环节	使用方法
液体SO₂	100%	SO₂调整	用SO₂添加器直接加入
硫黄片		容器杀菌	在不锈钢杀菌器中点燃加入容器

三 二氧化硫在果酒中的添加限量

二氧化硫(SO_2)在葡萄汁或葡萄酒中的用量要视添加SO_2的目的而定,同时也要考虑葡萄品种、葡萄汁及葡萄酒的成分(如糖分、pH等)、品温以及发酵菌种的活力等因素。SO_2加入到葡萄汁或葡萄酒中,与酸、糖等物质化合,形成部分化合状态的亚硫酸,减弱了杀菌防腐能力。

1. SO_2的使用原则

(1)用于杀死活性菌类,游离状态的SO_2浓度为100毫克/升。

(2)洁净良好的果汁,酸度在8克/升以上,酿酒品温较低时,SO_2的用量少。

(3)洁净良好的果汁,酸度在6~8克/升,酿酒品温较低时,SO_2的用量适中。

(4)生霉、破裂的水果,SO_2的用量一般应在良好葡萄汁发酵时用量的2倍以上。

(5)果酒换桶时,酒液还没有完全澄清,可适量加入SO_2。

(6)SO_2用量不可过大,且要分多次使用,每次用量要少。

2. 酿酒时SO_2添加实例

以干白葡萄酒、干红葡萄酒为例,SO_2用量大致如下。

(1)干白葡萄酒:

前处理阶段:葡萄质量状况好的状态下,SO_2用量为60~80毫克/升(以总SO_2为准);葡萄染有霉菌的状态下,SO_2用量为80~120毫克/升(以总SO_2为准)。

陈酿、后处理阶段:SO_2用量为30~40毫克/升(以游离SO_2为准)。

(2)干红葡萄酒:

前处理阶段:葡萄质量状况好的状态下,SO_2用量为40~60毫克/升(以总SO_2为准);葡萄染有霉菌的状态下,SO_2用量为60~70毫克/升(以

总SO₂为准）。

陈酿、后处理阶段：SO₂用量为20~30毫克/升（以游离SO₂为准）。

在葡萄酒主要生产国家（地区），成品葡萄酒中总SO₂和游离SO₂的法定限量见表5-2。

表5-2　葡萄酒主要生产国家（地区）成品葡萄酒游离的和总SO₂的法定限量

国家地区	葡萄酒或葡萄汁	总SO_2的最高限量/（毫克/升）	游离SO_2的最高限量/（毫克/升）
法国	白红、干佐餐葡萄酒	225	100
	干红佐餐葡萄酒	175	100
	甜白佐餐葡萄酒	275	100
	甜红佐餐葡萄酒	225	100
	其他	300	100
欧盟	干白葡萄酒	225	—
	干红葡萄酒	175	
	甜白葡萄酒	275	
	甜红葡萄酒	225	
	晚收葡萄酒	300	
	一般甜葡萄酒	400	
德国	葡萄酒	300	50
	葡萄汁	300	—
美国	葡萄酒	450	
意大利	葡萄酒	200	
	葡萄汁	350	
西班牙	干白葡萄酒	350	50
	干红葡萄酒	200	30
	甜白葡萄酒	450	100
阿根廷	葡萄酒	350	
澳大利亚	葡萄酒	400	100
葡萄牙	原葡萄酒		20
	葡萄汁		
罗马尼亚	葡萄酒	450	100
智利	葡萄酒	200	50
巴西	葡萄酒	350	50
俄罗斯	原葡萄酒	200	20
	特殊葡萄酒	400	40
	葡萄汁	125	—
中国	葡萄酒	250	30

48

▶ 第二节　果　胶　酶

添加果胶酶是葡萄酒酿造过程中的特定工艺,能够确保果酒的质量,帮助酿酒师最大限度地利用原料的优良品质。

一　果胶酶在果酒酿造工艺中的作用

1. 用于水果中香气物质、色素和单宁的浸提

果胶酶对水果所含果胶具有分解作用,同时一般的果胶酶也含有部分纤维素酶,因此在酒精发酵前或酒精发酵过程中添加特定的浸提果胶酶能够促进果汁中果胶和纤维素的分解,使水果本身含有的色素、单宁及芳香物质更容易被提取,从而增加出汁率。

2. 用于水果汁的澄清

果胶酶能够对葡萄汁中的果胶、葡聚糖及高聚合酯类进行分解,从而降低了果汁的黏稠度,使果汁中的固体不溶物的沉淀速度加快,有利于果汁的澄清。

3. 用于果酒的陈酿

在果酒的后期陈酿过程中,加入经过特殊工艺筛选的果胶酶,一方面,由于果胶酶对压榨汁中的果胶及葡聚糖的分解作用,可以破坏并分解这些胶体物,从而加速陈酿过程中果酒的自然澄清速度;另一方面,这种特殊的酶制剂能够对酵母细胞进行破坏,从而加速酵母在酒中的自溶,加速果酒陈酿的速度。

二　果胶酶的使用方法

1. 果胶酶的用量确定

应用于果酒生产中的果胶酶产品多种多样,每种果胶酶产品在果酒生产中的作用机制也不大相同。针对不同的果胶酶产品、不同的酿造工序、不同的果酒类型和品质,果胶酶的加量应各不相同。因此,在生产使

用前,应根据果胶酶产品的加量说明并通过实验结果确定果胶酶的最适用量。

2. 果胶酶溶液的制备

在使用前半小时左右,将果胶酶和10倍重量的20℃的软化水混合溶解,等待几分钟即可加入到果汁或果酒中。

（三）果胶酶使用注意事项

1. 温度

适合选择10~35℃的温度范围。

2. pH

适合选择pH 2~5的范围。

3. SO_2

在国标允许的SO_2使用范围内,SO_2对果胶酶基本没有抑制作用。

4. 皂土

皂土对蛋白质具有吸附作用,因此不能在使用皂土的同时使用果胶酶。一定要根据不同的工艺目标选择不同的果胶酶以达到最佳效果。

（四）果胶酶的贮存方法

未开封原包装贮存于干燥、通风、避光处。一旦开封,可以保存几天,但必须将打开的铁罐放在干燥的地方,并尽快使用。

（五）几种果胶酶产品介绍

1. 浸提果胶酶

（1）Lafazym Extract（高纯化果胶酶）:适用于白葡萄酒及桃红葡萄酒的带皮浸提工艺,能有效浸提葡萄皮中的香气物质。

（2）Lafase HE Grand Cru:具有很强的葡萄皮分解作用,能有效浸提葡萄皮中的色素和单宁,并对浸提单宁有特殊的作用,使葡萄酒增加陈酿潜力。适用于陈酿型红葡萄酒的酿造。

2. 澄清果胶酶

（1）Lafazym CL：适用于白葡萄酒和桃红葡萄酒的果汁澄清，能改善酵母的生存环境，减少乙烯苯酚的含量。

（2）Lafase 60：适用于红葡萄酒的压榨汁澄清或经过浸提的红葡萄汁澄清，也可用于白葡萄汁和桃红葡萄汁的澄清。

3. 陈酿果胶酶

（1）Extralyse：适用于与酒泥一起陈酿的各种葡萄酒。

（2）Filtrozym：适用于感染的葡萄所酿制的葡萄酒的陈酿过滤操作。

▶ 第三节 酵母营养及发酵促进剂

一 酵母营养助剂

水果由于成熟度不够，缺少酵母生长需要的营养物质，从而导致酒精发酵很难完成，这个时候我们可以给酵母提供发酵所需的酵母营养助剂来补充酵母所需要的营养物质和改善酵母存活生长的环境。

1. THIAZOTE

结合铵盐和维生素 B_1 的混合产品，补足酵母生长所需的生长因子，减少酮酸的产量。

2. NUTRISTART

结合生长因子和生存因子，为酵母的繁殖提供有利条件，该发酵促进剂含有铵盐（磷酸铵）、维生素 B_1 和惰性凝结酿造酵母。作用是可以促进酵母的繁殖，使其数量充足，使酒精发酵规范化和完整化，预防产生不受欢迎的物质（硫化氢、挥发性酸等）。

3. SUPERSTART

来源于天然酵母，经特有工艺加工而成，含有丰富的维生素、矿物质、脂肪酸和固醇。作用是能增加酵母对困难环境（潜在酒精度大、温度低等）的抵抗能力，避免产生过多的挥发性酸，改善对葡萄酒芳香物质的

萃取和产生,强化接种罐的能力。

二 酒精发酵促进剂

酒精发酵促进剂主要作用是促进酒精发酵的进行,或启动已停止发酵的酒精发酵过程,消耗残糖。

1. 组成

生物惰性载体、酵母细胞壁、惰性凝结酿造酵母。

2. 特性

(1)具有酵母载体的作用。

(2)可以吸附抑制酵母繁殖的高级脂肪酸(C8,C10)等,向酵母提供繁殖需要的生长要素(维生素、氨基酸、缩氨酸)。

(3)向酵母提供生存要素(长链脂肪酸、固醇)。

3. 使用方法

使用前应将包装袋打开,与空气充分接触10分钟,但在包装袋打开后48小时内必须使用。酒精发酵促进剂的添加量为0.1~0.5克/升。

(1)正在进行酒精发酵的葡萄汁:当果汁的酒精发酵已经开始时,通过循环向正在发酵的果汁加入本产品。根据果汁中酵母营养成分的多少,也可以在循环的同时加入酵母营养剂,以补充果汁中的酵母营养物。

(2)中途停止发酵的葡萄汁:在中途停止发酵的果汁中加入微量的SO_2(20~30毫克/升),然后倒罐,再将酵母营养剂加入到已经启动培养的接种罐中。

▶ 第四节 单 宁

单宁是由葡糖苷组成的混合物,其中包括没食子酸、鞣酸、儿茶酚。它具有和蛋白质稳定结合的特性。

一 单宁在葡萄酒酿造工艺中的作用

1. 澄清作用

在葡萄汁或葡萄酒中添加单宁,通过对多余蛋白质的部分沉淀和提纯,可促进酒的澄清。

2. 抗菌

单宁可抵抗微生物的侵害,尤其是对氧化酶、漆酶的活性阻止。

3. 降低金属离子含量

单宁能和一些金属形成复合物沉淀,从而降低葡萄酒中金属离子的含量。

4. 降低葡萄酒的氧化程度

单宁具有陈酿能力和对颜色的稳定作用。

二 使用方法

1. 用量确定

在生产使用前,应根据原料质量状况,如是否有烂果、成熟程度以及所酿制酒的类型,并结合测试所得的酚类及各种成分的具体含量,确定是否需要加入单宁及其用量。单宁的用量一般为0.1~0.5克/升。

2. 单宁溶液的制备与添加

在使用前半小时左右,将单宁放入其10倍质量的35~40 ℃的软化水中溶解,然后将单宁溶液均匀加入到果汁或果酒中。在用泵倒罐过程中添加。

三 几种单宁产品介绍

1. 发酵期间使用的单宁

(1)TANIN VR SUPRA:是一种鞣酸单宁和花色素苷的混合物,可有助于色素的稳定,特别适用于成熟度低或受烂果影响的水果。

(2)BIOTAN:是一种完全从葡萄中提取的单宁,由无色花色素苷组

成,可加强葡萄酒结构,稳定颜色,从而极大地改善葡萄酒陈酿潜质。

2. 陈酿期间使用的单宁

(1)TANCOR GRAND CRU:是一种从葡萄中提取的代花色素苷和取自橡木心的鞣酸单宁,可增强酒的结构感,还可加强与花色素苷聚合的潜质。

(2)GUERTANIN:是一种高纯度的浓缩鞣酸单宁,可增强酒的结构感,形成乙醇色素结合桥,抗氧化反应。

▶ 第五节 其他酿造辅料

为了保证葡萄酒及其果酒品质和风味的稳定,生产中常添加一些药品。这些药品的添加必须符合国际葡萄与葡萄酒组织(OIV)颁布的葡萄酿酒辅料标准,其他果酒可以参考此标准。

一 主要添加剂及其使用

1. 食用酒精

用于容器与管道灭菌、调整酒度及原酒封口。

2. 白砂糖

用于调整葡萄汁和葡萄酒的糖度,加量不得超过产生酒精2%(vol)的数量。

3. 柠檬酸

用于清洗设备与管道、调整葡萄汁或原酒的酸度。

4. 偏酒石酸

防止酒石酸氢钾及酒石酸钙的沉淀。

5. 碳酸钙

用于葡萄汁降酸。

6. 阿拉伯树胶

防止铜盐破败和出现轻微的三价铁破败,用量不得超过0.3克/升。

二 助滤剂、澄清剂

1. 硅藻土

用硅藻土过滤机澄清果酒,需在酒中添加硅藻土作为助滤剂,从而形成过滤层,去除杂质。

2. 皂土

澄清剂,防止蛋白质和铜元素的破败。

3. 活性剂

白葡萄酒脱色、脱苦味。

4. 明胶、鱼胶、蛋清、血粉等

下胶帮助澄清。其中,用明胶下胶澄清时,明胶的添加量为0.08~0.2克/升。明胶絮凝发生得非常快,但沉淀过程较长,这取决于温度、气压、高度、罐容积、果酒的密度、黏度、pH,建议澄清葡萄酒时间不要超过30天。

三 洗涤剂

1. 氢氧化钠

溶解有机物能力好,皂化力强,杀菌效果好,使用浓度为1%。

2. 柠檬酸

用于洗涤设备、容器、管道,使用浓度为2%。

3. 二亚硫酸钾

用于洗涤发霉管道,使用浓度为0.2%。

葡萄酒中不允许使用的添加物主要有:增稠剂、糖精、甜蜜素、果糖的代用品、香料和香精。

四 葡萄酒中各种物质可接受的最高限量

葡萄酒中各种物质可接受的最高限量见表5-3。

表5-3 葡萄酒中各种物质可接受的最高限量

品名	葡萄酒中的残余量	来源
总SO₂	红葡萄酒中还原糖最高4克/升时,残留量不超过175毫克/升	汇编
	白葡萄酒和桃红葡萄酒中还原糖最高4克/升时,残留量不超过225毫克/升	
	红、桃红和白葡萄酒中还原糖大于4克/升时,残留量不超过400毫克/升	
	特殊的白葡萄酒中,残留量不超过400毫克/升	
氯	允许不超过1毫克/升。对于含有冰晶石的葡萄种植地区,残留量允许不超过3毫克/升	汇编
甲醇	红葡萄酒中,残留量不超过400毫克/升。白葡萄酒和桃红葡萄酒中,残留量不超过250毫克/升	汇编
铅	残留量不超过0.25毫克/升	汇编
硫酸盐	通常情况下,残留量不超过1克/升(以硫酸钾计)。对于陈酿2年以上的葡萄酒或白兰地酒,残留量不超过1.5克/升	汇编
硫酸盐	添加葡萄汁的葡萄酒或天然甜葡萄酒中,残留量不超过2克/升	汇编
柠檬酸	残留量不超过1克/升	法规
过剩的钠	残留量不超过60毫克/升	汇编
柠檬酸	残留量不超过1克/升	法规
挥发酸	残留量不超过1.2克/升(以醋酸表示)	法规
山梨酸	残留量不超过0.2克/升	法规
铀	残留量不超过0.2毫克/升	汇编
硼	残留量不超过80毫克/升	汇编
镁	残留量不超过1毫克/升	汇编
镉	残留量不超过0.01毫克/升	汇编
品名	使用量	来源
酵母外皮	残留量不超过40克/升	法规
阿拉伯胶	残留量不超过0.3克/升	法规
磷酸二铵	残留量不超过0.3克/升	法规
聚乙烯吡咯烷铜	残留量不超过80克/升	法规
硫酸	残留量不超过0.3克/升	法规
硫酸铜	残留量不超过1克/升	法规
维生素B₁	残留量不超过60毫克/升	法规
抗坏血酸	残留量不超过100毫克/升	法规
重酒石酸	残留量不超过10毫克/升	汇编
炭	残留量不超过100克/升	汇编

第六章 ▶ 酿酒菌种

果酒的酿造主要是在酵母的作用下通过酒精发酵将水果中糖分转化为酒精,进而成酒,因此酵母是酿造果酒的必备条件。此外,乳酸菌作为一种常见的有益菌,对于改善果酒口感,突出果香起到积极的作用。果酒的质量特性取决于所选的酵母,应该选择通过果酒能反映出种植土壤、品种特性、品种香和发酵芳香的酵母。可喜的是,随着生物科学技术的迅速发展,用于果酒酿造且能够突出原料品种特性的优良酵母已经得到了广泛的应用。

▶ 第一节 酿酒酵母

酵母菌广泛存在于自然界中,尤其喜欢聚集于植物表面。在成熟的葡萄上附着有大量的酵母,这部分酵母在葡萄通过自然发酵成为葡萄酒的过程中起主要的发酵作用。葡萄皮上包裹着的一层白色果粉中含有天然酵母,其含量足够让葡萄发酵成葡萄酒。

一 果酒酵母的形态

葡萄酒酵母是常见的果酒酵母,葡萄酒酵母与啤酒酵母在细胞形态和发酵能力方面有差别,生物学上将葡萄酒酵母称为啤酒酵母葡萄酒酵母变种,如图6-1所示。葡萄酒酵母在葡萄汁中会产生葡萄香或葡萄酒香,而且即使在麦芽汁中也会生成以上香气。其在含糖的溶液中繁殖,液体先呈现薄雾状,继而形成灰白色沉淀。葡萄酒酵母能分泌转化酶,可发酵蔗糖;葡萄酒酵母还可用于其他果酒、醋、酒精等的生产。

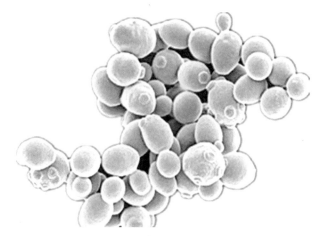

图6-1 酵母细胞形态图

二 果酒酵母的特征

(1)能快速启动发酵。

(2)耐低pH、高糖、高酸、高SO_2。

(3)发酵温度范围宽,尤其是低温发酵能力好。

(4)发酵速度平稳,产酒率高,耐酒精能力强,发酵彻底。

(5)氮需求低。

(6)产挥发酸少,产H_2S少,分泌尿素少,产气泡力低。

(7)凝聚性强,发酵结束后可使酒快速澄清。

(8)产生优雅的酒香。

(9)具有良好的降酸能力。

三 天然酵母

1. 天然果酒酵母来源

一是水果成熟时果皮、果梗上所带有的大量酵母,因此水果破碎后,酵母就会很快开始繁殖发酵,这是利用天然酵母发酵果酒;二是发酵设备、场地和环境中的酵母,在葡萄汁生产和发酵过程中混入。如图6-2所示。据研究,成熟的葡萄皮上每1平方厘米约有5万个酵母细胞。在葡萄收获的季节,黄蜂和果蝇是酵母传播的重要媒介。昆虫吸吮果汁时,

其口器及肢体上残留的果汁恰好为酵母菌提供了良好的繁殖条件。

图6-2　成熟葡萄表面(左)及发酵罐

2. 天然果酒酵母的扩大培养方法

(1)扩大培养流程。酵母纯培养一般在果酒发酵开始前10～15天进行。由菌种活化到生产酵母,需经过数次扩大培养。其工艺流程如图6-3所示。

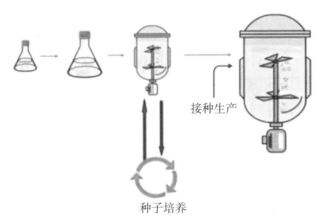

图6-3　果酒酵母扩大培养流程图

(2)酵母扩大培养过程:

①液体试管培养。采选熟透的完好葡萄数穗,制得新鲜的葡萄汁,在25～28℃下培养1～2天,发酵旺盛时转入三角瓶培养。

②三角瓶培养。在500毫升的三角瓶中加入100毫升葡萄汁,在58.8千帕的压力下灭菌,冷却至室温,接入5.0毫升液体试管酵母菌,25～28℃培养1～2天。

③大玻璃瓶培养。取10升左右的大玻璃瓶,按每升150毫克的量配入 SO_2 杀菌后,装入6升葡萄汁,用58.8千帕的蒸汽灭菌,冷却至室温,接入7%的三角瓶菌种,于25～28℃培养2～3天。

④酒母罐培养。在葡萄汁杀菌罐中,通入蒸汽,加热葡萄汁温度至70～75℃,保持20分钟后,在夹套中通冷却水使其温度降到25℃以下,将葡萄汁打入已空罐杀菌的酵母培养罐中,按每升80～100毫克的量通入 SO_2 ,用酸性亚硫酸或偏重亚硫酸钾,对酵母菌进行亚硫酸驯养。接入2%的大玻璃瓶菌种,通入适量无菌空气,培养2～3天,当发酵达到旺盛时,葡萄酒酵母扩大培养即告结束。

每年的夏末秋初季节,可以采取自然发酵方式酿制果酒。果皮上的天然酵母有扩大培养的作用,酿酒的第一罐酒大发酵2～3天后,酿酒酵母占压倒优势,泡沫大量产生,预示着发酵进入旺盛期,此时发酵罐中的发酵液可以用来作为酵母种子,接入生产葡萄汁中。转入第二罐后,果酒的发酵速度比第一罐更快。

四 活性干酵母

市面上销售的水果品质参差不齐,而且大多在生产中使用了农药等化学试剂,运送过程中也易沾染细菌,往往会影响果酒的质量。买回来的葡萄最好清洗干净,但在清洗过程中,葡萄皮上的天然酵母会流失,酒庄在酿酒时需要加入酵母。目前分离出的酵母,分布于25属约150种。活性干酵母是处于冬眠状态的活的生物体,生物活性一般能保持2年,遇到水就能迅速繁殖生长,使用极其方便。我国活性干酵母加工技术发展迅速,活性干酵母在食品行业得到广泛使用。

1. 活性干酵母活化方法

活性干酵母的细胞膜丧失了通透屏障功能,因此添加前须将其小心地活化以恢复它们的新陈代谢功能。一般干细胞活化过程应遵循的原则如下:

(1)活化在水中进行比在果汁中好:因为果汁中含有糖,使得渗透压提高,且有可能含有 SO_2 或残留的真菌抑制剂。虽然酵母细胞可以抵抗

一定浓度的SO_2和低浓度的真菌抑制剂,但SO_2和真菌抑制剂对于处于活化阶段的酵母将是致命的。

(2)添加量:每100升发酵液中添加20克干酵母可使每毫升果汁中有$1×10^6$个活性酵母细胞,这正是启动优良发酵所需的量。

(3)活化用水量:活化用水量是干酵母重量的5~10倍。例如:处理250克干酵母,正确用水量是1.25~2.5升。

(4)活化温度:活化用水的温度应保持在40 ℃左右(35~38 ℃最佳),不可将酵母加入冷水后再加热到40~45 ℃。应将酵母缓慢加入水中而不是将水加入酵母,否则可引起酵母结块导致活化不彻底。将酵母静置5~10分钟后进行搅拌,活化时间不宜超过30分钟,时间延长,酵母的活力将降低。将活化的酵母溶液缓慢冷却到与发酵液的温差小于10 ℃,不要将热酵母液倒入冷发酵液中,温差过大可引起酵母变质和死亡。

2.活性干酵母的质量标准

(1)感官要求:见表6-1。

表6-1　感官要求

项目	要求	检验方法
性状	颗粒状	取适量样品,在自然光下用肉眼观察性状、色泽、杂质,闻其气味,然后以温开水漱口,品其滋味
色泽	淡黄色至黄棕色	
气味	具有酵母的特有气味,无腐败,无异味	
滋味	本产品特殊的滋味	
杂质	无正常视力可见外来物	

(2)理化指标:应符合表6-2的规定。

表6-2　理化指标

项目	指标	检验方法
水分/%	≤5.5	GB 5009.3—2016
酵母活细胞数/(亿个/克)	≥150	附录A
总砷(以As计,干基计)/(毫克/千克)	≤2.0	GB 5009.11—2016
铅*(以Pb计,干基计)/(毫克/千克)	≤1.5	GB 5009.12—2016
*该指标严于《食品安全国家标准　食品加工用酵母》(GB 31639—2016)的规定		

第二节　影响酿酒酵母质量的重要因素

葡萄酒的酿造依赖于葡萄酒酵母的发酵作用。和一切生物一样,酵母的生长代谢也受周围环境的影响。在葡萄酒的酿制过程中,发酵温度、糖度、酸度、渗透压、SO_2浓度、压力、酒精浓度等因素都能直接影响发酵的进程和成品酒的质量。充分了解各种因素对果酒发酵的影响,是掌握和控制最适当的果酒酿造条件、生产优质葡萄酒的基础。

一　温度

果酒酵母繁殖和发酵的适宜温度为26~28 ℃,发酵温度高于或低于此温度,都会妨碍酵母菌的正常代谢活动。现代化的葡萄酒厂大多将葡萄汁的发酵温度保持在25℃左右,此温度条件更利于辛酸乙酯、癸酸乙酯等酯类化合物的形成,这些化合物赋予葡萄酒花香、果香及酒香。一般情况下,低温有利于色素的溶解,能减少葡萄酒的氧化。在葡萄酒的发酵过程中,为了使生产的葡萄酒获得良好的风味,常采用10~15 ℃的低温进行发酵。

低温发酵的葡萄酒一般具有口味纯正、酒精含量高、CO_2含量高、利于酯类物质形成等特点。低温下微生物活动较少,便于分离在发酵陈酿过程中形成的酒石,使葡萄酒澄清。

葡萄酒生产中,若是发酵温度太高,酵母菌的代谢作用就会受到很大影响,甚至引起酒精发酵提前中断。这主要是由于在高温下,酒精抑制代谢活动的强度剧增使酵母菌窒息。另外,高温酿制成的酒风味差、口感不佳,稳定性不好。因此,在葡萄酒生产尤其是优质葡萄酒的生产过程中,不能采用过高的发酵温度。

二　pH

发酵液的pH对各种微生物的繁殖和代谢活动都有不同的影响,pH

也影响各种酶的活力。由于酵母菌比细菌的耐酸性强,为了保证葡萄酒发酵的正常进行,需要保持酵母菌在数量上的绝对优势,葡萄酒发酵时最好把pH控制在3.3~3.5,在这个酸度条件下,SO_2的杀菌能力强,杂菌的代谢活动受到抑制,而葡萄酒酵母能正常发酵,同时这个pH也有利于甘油和高级醇的形成。当pH为3.0或更低时,酵母菌的代谢活动也会受到一定程度的抑制,使得发酵速度减慢,并会引起酯类物质的降解。

一般发酵要求葡萄汁酸度为4~5克/升(以硫酸计),炎热地区生产的葡萄汁常出现糖高酸低的情况(pH>3.5,酸度<4克/升),需进行调酸处理,使其达到发酵所需的酸度。

三 糖和渗透压

葡萄糖和果糖是酵母的主要糖源和能源,在酒精发酵过程中,酵母优先利用葡萄糖,且利用葡萄糖的速度比果糖快。

葡萄汁的糖度为10%~20%时,酵母菌的发酵速度最快。在正常情况下,葡萄汁的糖度为16%左右时,可得到最大的酒精得率。当葡萄汁的糖度超过25%时,葡萄汁的酒精得率明显下降。

甜葡萄酒的酒精含量可达16%~18%,为了达到较高的酒精含量,葡萄汁需要有很高的糖度,这就需要选用能够耐高糖度、高酒精度的菌种。耐高渗透压酵母菌的发酵力较一般葡萄酒酵母的发酵力弱得多,发酵所需的时间也长得多。当生产含酒精浓度高的甜酒时,为了缩短发酵时间,可采取分若干次向葡萄汁中加糖的方法,使葡萄汁保持较低的糖度和渗透压。

四 CO_2及压力

CO_2为正常发酵副产物,每克葡萄糖约产260毫升CO_2,发酵期间CO_2的逸出带走约20%的热量。挥发性物质也随CO_2一起释出,乙醇的挥发损失为其产量的1%~2%,芳香物质损失25%。损失量与葡萄品种和发酵温度有关。发酵产生的CO_2大部分逸到空气中,只有很少量溶解于葡萄酒之内,与水反应生成碳酸。CO_2是酵母菌代谢的最终产物之一,过高的

CO_2浓度对酵母菌的代谢活动有着明显的抑制作用。这就需要在发酵过程中及时排出产生的CO_2,保持发酵体系较低的CO_2浓度,从而加快发酵速度。

（五）单宁

果皮里含有一定量的单宁,单宁的浓度因水果的成熟度、品种和加工方法等不同有较大差异。单宁能使蛋白质凝固沉淀和变性。葡萄酒酵母耐单宁的能力较强,据测定,加入单宁的量超过4克/升时,发酵才开始受阻;达到10克/升时,严重抑制酵母菌的发酵作用并使酵母菌迅速死亡。过多的单宁在发酵过程中吸附在酵母细胞的表面,妨碍其正常代谢,阻碍了细胞膜透析的顺利进行,使发酵作用和酶的作用停止。

多酚和鞣质在发酵过程中不断减少,多酚部分被酵母细胞吸收。红葡萄酒中的花色素苷被酵母菌吸收,或在葡萄汁内继续进行一系列化学反应。单宁以及色素类物质含量高时,会使发酵作用迟缓以致发酵作用进行不完全。这种现象常常出现在葡萄酒主要发酵过程即将完毕时,通过倒罐、酵液循环、通氧等措施,可使酵母恢复发酵活力,发酵得以继续进行。

（六）氮

酵母菌只能利用化合态氮,不同的果汁中各种氨基酸的比例也不尽相同。例如,葡萄汁中的精氨酸含量比较高,梨汁中浓度较高的则是脯氨酸。一般来讲,葡萄汁中的含氮物质,可满足酵母菌的生长、繁殖和积累各种酶的需要。在葡萄汁和其他果汁内,氮主要以氨基酸或蛋白质的形式存在。

果汁中由于含氮物质过低,不能满足酵母菌生长繁殖的需要,如草莓汁、苹果汁、梨汁等含氮量较少。因此,以苹果汁、梨汁等为原料生产果酒时,发酵比较困难。尤其是梨汁所含的氮大部分是酵母菌难以利用的脯氨酸,如果不添加含氮类物质,则只能发酵部分可发酵性糖,产生5%～6%的酒精。若要把这类果汁酿造成酒精含量为13%左右的酒,必须

经过二次发酵,还必须添加一部分氮源。在果酒的酿造过程中,允许添加磷酸铵、硫酸铵和氯化铵等无机氮源,但加入量不得超过40克/升。

七 乙醇

一般来讲,发酵产物对催化反应的酶的活力都有阻碍作用。酒精对酵母菌发酵的阻碍作用,因菌株、酵母状态及温度而异。葡萄酒酵母对酒精有一定的耐受力。大多数葡萄酒酵母都可发酵产生13%~15%及以上的酒精。但影响葡萄酒酵母繁殖的酒精临界浓度只有2%。酒精浓度在6%~8%时,能使酵母菌芽殖全部受到抑制。随着发酵液中酒精含量的不断增加,酵母菌的发酵作用逐渐减弱,并趋于停止。

八 SO_2

葡萄酒酵母对SO_2不敏感,发酵初期,酵母菌的发酵作用会受到SO_2的抑制,但发酵强度和终止的发酵度并没有受到影响。葡萄汁内SO_2过多时,会延迟开始发酵的时间。

葡萄汁中的其他酵母则不耐SO_2。例如,产酯酵母对亚硫酸(H_2SO_3)很敏感,少量的SO_2就可使其活力受到抑制。

▶ 第三节 乳 酸 菌

乳酸菌发酵底物产生乳酸、乙醇、乙酸和CO_2等多种产物。葡萄酒中乳酸菌将苹果酸转化为乳酸过程为苹果酸–乳酸发酵(MLF),是酿造高品质葡萄酒必需的过程。葡萄酒中的乳酸菌多为异型乳酸发酵菌,其中常见的有乳酸杆菌、酒球菌、片球菌和明串珠菌等。酒球菌是目前应用最广泛的乳酸菌。

一 苹果酸-乳酸发酵的作用

1. 降酸作用

苹果酸是二元酸,口感粗糙,乳酸是一元酸,口感圆润。苹果酸-乳酸发酵后,果酒的总酸下降1~3克/升。北方地区有的葡萄酒偏酸,需要进行苹果酸-乳酸发酵,以降低葡萄酒的酸度,改善口感。酸度偏低或者成熟度过高的葡萄,不建议进行苹果酸-乳酸发酵。

2. 增强微生物的稳定性

苹果酸是葡萄酒中含量较高的酸,且很不稳定,易被细菌分解代谢。通过苹果酸-乳酸发酵能减少苹果酸含量,切断细菌的物质来源,再经过添加二氧化硫和除菌过滤,进一步提高葡萄酒的生物稳定性,避免瓶内发酵。

3. 风味修饰

苹果酸-乳酸发酵产生乳酸,还生成酯类、醛类、氨基酸、双乙酰等副产物,改变葡萄酒中风味成分的比例和含量,增加了奶油、坚果、橡木或泡菜味等香气。乳酸菌释放的多糖能降低粗糙感和涩味,有效改善葡萄酒风味。

4. 降低色度

酸度下降1~3克/升,pH上升0.3,葡萄酒的颜色由紫色向蓝色转变。

二 苹果酸-乳酸发酵的影响因素

酒精发酵结束后,乳酸菌开始增殖,可达到每毫升106~108个细菌群落数(CFU)。影响乳酸菌生长的主要因素有pH、温度、酒精度、二氧化硫浓度。

1. pH

酒精发酵结束后,乳酸菌启动苹果酸-乳酸发酵的pH为3.1~3.5,不同pH条件下乳酸菌分解的底物不同,产物比例也不相同。pH值高时,容易分解葡萄糖产生挥发酸;pH值低时,容易分解苹果酸产生双乙酰。

2. 温度

乳酸菌的最适生长温度为 20～23℃,苹果酸–乳酸发酵的最佳温度为 18～20℃。过高的温度会抑制乳酸菌生长,产生过量挥发酸;较低的温度苹果酸–乳酸发酵慢,发酵时间长。

3. 二氧化硫

酒精是乳酸菌发酵的主要抑制因素,当葡萄酒酒精度到达 10%(vol)时,就开始抑制乳酸菌的活性。不同的乳酸菌,可耐受酒精度也不同,有的乳酸菌最高可耐 15%(vol)。

4. 氧气

乳酸菌发酵是厌氧发酵,苹果酸–乳酸发酵时要满罐并密封。

5. 二氧化碳

二氧化碳可以刺激酒酒球菌的生长,在酒液中保留部分酒脚(酒泥)可以保持酒中 CO_2 的浓度,加快苹果酸–乳酸发酵速度。

6. 其他微生物

酵母菌和乳酸菌之间存在拮抗作用,酒精发酵期间,酵母菌数量增加,乳酸菌活性降低;苹果酸–乳酸发酵开始后,乳酸菌数量增加,酵母菌活性降低。乳酸菌与酵母菌之间也存在共生关系,酵母菌代谢产生的氨基酸也是乳酸菌的代谢底物。

第七章 葡萄酒酿酒前准备

▶ 第一节 葡萄采收

无论是什么类型的葡萄酒,都是以葡萄浆果为原料生产的。葡萄浆果的成熟度决定着葡萄酒的质量和种类,是影响葡萄酒生产的主要因素之一。通常只有用成熟度良好的葡萄果实才能生产出品质优良的葡萄酒。

一 成熟系数

成熟系数就是糖酸比。若用 M 表示成熟系数,S 表示含糖量,A 表示含酸量,则:

$$M = \frac{S}{A}$$

该系数建立在葡萄成熟过程中含糖量增加、含酸量降低这一现象的基础上,它与葡萄酒的质量密切相关,是目前最常用且最简单的确定成熟度的方法。虽然不同品种的 M 值不同,但一般认为,要想获得优质葡萄酒,M 值必须等于或大于20。

二 采收日期的确定

葡萄采收的日期适当与否,对成品酒的质量有着极其重要的影响。过早采收,葡萄尚未成熟,会造成酿成的酒度数低,酒味淡,酒体薄,酸度高,生青味显著。过晚采收,葡萄过熟,会造成葡萄酒欠平衡、清爽感。因此,通过观察葡萄的外观成熟度,并结合葡萄汁的糖度和酸度检测结果,确定适宜的采摘日期。

1.外观检验

(1)颜色:葡萄成熟后,果皮颜色会逐渐由绿色转变为紫色或深紫色,果实表面会出现细微的色斑,颜色均匀且饱满的葡萄更甜美。

(2)软度:轻捏葡萄,若果实稍有些软,但不变形,说明葡萄已经成熟;若果实过于硬,说明葡萄尚未完全成熟;葡萄的糖度达到17%～25%时,就是成熟了。

(3)酸度:对于深色葡萄可用酚红或嗅百里蓝作指示剂。酸度常以每升中酒石酸的克数表示,法国用每升中硫酸的克数表示。

2.糖度检验

糖度检验常用设备为糖度计,如图7-1所示。

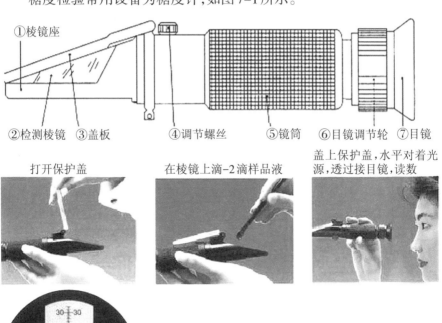

①棱镜座　②检测棱镜　③盖板　④调节螺丝　⑤镜筒　⑥目镜调节轮　⑦目镜

打开保护盖　　在棱镜上滴-2滴样品液　　盖上保护盖,水平对着光源,透过接目镜,读数

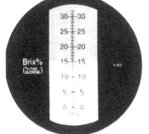

明暗交界处读数即糖度值

图7-1　手持糖度计及使用方法

打开盖板③,用软布仔细擦净检测棱镜②。取待测溶液数滴,置于检测棱镜上,轻轻合上盖板,要避免气泡产生,使溶液遍布棱镜表面。将仪器进光板对准光源或明亮处,眼睛通过目镜⑦观察视场,转动目镜调节手轮⑥,使视场的蓝白分界线清晰。分界线的刻度值即为溶液的糖度。测糖时必须采集足够的葡萄样品,挤出葡萄汁,经纱布过滤后测定。

3. 成熟曲线

在葡萄成熟期内,每天糖的增长量基本恒定,可通过连续15天定期取样分析,作出成熟曲线。

正常情况下,依据成熟度曲线确定最佳采收期,但是还必须综合考虑以下三个因素:一是产量,追求葡萄过高糖度,会影响葡萄的产量,最终会影响到果农的收益;二是天气和病害,为了避免造成更大的危害和损失,对葡萄采摘可增加或减少2~5天;三是葡萄酒的种类,酿制佐餐葡萄酒的葡萄采摘期早于餐后葡萄酒生产所用葡萄采摘期,酿制白葡萄酒的葡萄采摘期早于干红葡萄酒的葡萄采摘期。

▶ 第二节　葡萄汁改良

若葡萄未能充分成熟,则果汁的酸度高而糖度低,应在发酵之前调整糖度与酸度,称为葡萄汁的改良。

一　糖度的调整

1. 直接加糖

一般情况下,清汁发酵的白葡萄酒每17克/升糖可生成1%酒精度,带皮发酵的红葡萄酒每18克/升糖可生成1%酒精度。按此计算,一般干酒的酒精在11%~14%,甜酒在8%~10%。

(1)加糖量的计算:

如:利用潜在酒精含量为9.5%的5 000升葡萄汁发酵成酒精含量为12%的干白葡萄酒,需要添加的糖量为:

$$(12-9.5) \times 17 \times 5\,000 = 212.5（千克）$$

(2)加糖操作的要点：

①加糖前应量出较准确的葡萄汁体积；

②加糖时先将糖用葡萄汁溶解制成糖浆；

③用冷汁溶解，不要加热，更不要先用水将糖溶成糖浆；

④加糖后要充分搅拌，使其完全溶解；

⑤溶解后的体积要有记录，作为发酵开始的体积；

⑥加糖的时间最好在酒精发酵刚开始的时候。

2. 添加浓缩葡萄汁

浓缩葡萄汁可采用真空浓缩法制得。果汁保持原有的风味，有利于提高葡萄酒的质量。

(1)浓缩汁量的计算：

如：已知浓缩汁的潜在酒精含量为50%，5 000升发酵葡萄汁的潜在酒精含量为10%，葡萄酒要求达到的酒精含量为11.5%，则可用交叉法求出需加入的浓缩汁量。加浓缩葡萄汁的计算：

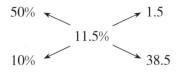

即在38.5升的发酵液中加1.5升浓缩汁，能使葡萄酒达到11.5%的酒精含量。

根据上述比例求得浓缩汁添加量为：

$$1.5 \times \frac{5\,000}{38.5} = 194.8（升）$$

(2)添加浓缩汁操作要点：采用在主发酵后期添加，要注意添加浓缩汁后若酸度高，应在浓缩汁中加入适量碳酸钙进行中和。

二 酸度的调整

一般情况下，酸度应在6~8.5克/升（以酒石酸表示），相当于pH为3.3~3.5才合适。此量既为酵母最适应，又能使成品酒具有浓厚的风味，

增进色泽。若酸度低于5克/升,则添加酒石酸、柠檬酸或酸度高的果汁进行调整。若酸度过高,要进行降酸处理,如用酸度低的果汁或用中性酒石酸钾中和等。

1. 增酸

(1)添加酒石酸:

①酒石酸用量计算:每升葡萄汁中添加1克酒石酸,酸度(以酒石酸计)增加1克/升。

如:葡萄汁滴定总酸为5.5克/升,若提高到8.0克/升,每1 000升需加酒石酸的量为多少?

$$（8.0-5.5）\times 1\,000\,克=2500\,克=2.5（千克）$$

即每1 000升葡萄汁加酒石酸2.5千克。

②添加酒石酸的注意事项:用少量葡萄汁溶解酒石酸,酒精发酵开始时添加,搅拌要充分。

(2)添加柠檬酸:

①柠檬酸用量计算:1克酒石酸相当于0.935克柠檬酸。

②添加柠檬酸的注意事项:用少量葡萄汁溶解柠檬酸,搅拌要充分,酒精发酵开始时添加,操作中不可使用铁质容器。

(3)添加含酸量高的葡萄汁。

2. 降酸

葡萄酒酿造中,一般不需要降低酸度,因为酸度稍高对发酵有好处,除非酸度特别高,对口感不利,才降酸。

(1)物理法降酸:

①低温冷冻降酸法:温度降至0℃以下时,酒石酸析出。

②添加果汁。

(2)化学法降酸:

①$CaCO_3$用量计算,计算公式如下:

$$W=0.66(A-B)V$$

式中:W为所需碳酸钙量,单位为克;0.66为反应式的系数;A为果汁中酸的含量,单位为克/升;B为降酸后达到的总酸,单位为克/升;V为果

汁体积,单位为升。

②注意事项:用少量葡萄汁溶解碳酸钙;搅拌充分后,再静置10分钟;酒精发酵开始时添加;$CaCO_3$用量小于1.5克/升。

▶ 第三节　辅　　料

葡萄酒的正常发酵中,必要的辅料是不可少的,在这里作简单介绍。

一 果胶酶

果胶酶可以加速葡萄酒酿造过程中的发酵、压榨和澄清等过程,提高酒类产品的产量和质量。

根据原料品种和发酵葡萄酒产品种类不同,发酵白葡萄酒和红葡萄酒所用的果胶酶的型号也是不同的。果胶酶的使用量是0.01~0.05克/升,根据原料和工艺不同确定。

二 酵母

葡萄酒是新鲜葡萄或葡萄汁经酒精发酵后获得的饮料产品。葡萄或葡萄汁能转化为葡萄酒主要是靠酵母的作用。酵母可以将葡萄浆果中的糖分解为乙醇、二氧化碳和其他副产物。

现代葡萄酒生产中所选用的酵母均是经驯化、筛选出的可长期保存的活性干酵母。发酵接种时再活化使用,使用量为0.15~0.4克/升。

三 乳酸菌

酒精发酵后,乳酸菌经过1个月左右的苹果酸–乳酸发酵,葡萄酒中部分苹果酸分解成乳酸。乳酸菌使用量0.01~0.04克/升。活性干乳酸菌的保存温度–18~–40℃。

第八章 红葡萄酒酿造技术

红葡萄酒质量的关键参数有以下几个:色泽的强度,香气的复杂程度,口感的协调度。

▶ 第一节 红葡萄酒定义、分类及特点

一 红葡萄酒定义

红葡萄酒简称红酒。干红葡萄酒是采用优良的红皮酿酒葡萄、带渣发酵成的一种葡萄酒,它的酒精含量一般在9%~16%(vol)。

二 红葡萄酒分类

1. 按照残糖划分

(1)干型红葡萄酒:含糖量在4克/升以下,香气幽雅,果香浓郁。干红葡萄酒是葡萄酒中最常见的一种,适合任何时候饮用,宜与红烧肉、牛排、鸡、鸭等食物搭配。

(2)半干型红葡萄酒:含糖量在4.1~12克/升,微具甜感,酒的口味洁净、幽雅、味觉圆润,具有愉悦的果香和酒香。半干红葡萄酒也是最常见的一种葡萄酒,适合单饮。

(3)半甜型红葡萄酒:含糖量在12.1~45克/升,具有甘甜、爽顺、舒愉的果香和酒香。半甜红葡萄酒是一种常见的红葡萄酒,适合单饮。

(4)甜型红葡萄酒:含糖量在45.1克/升以上,口感甘甜、醇厚,具有和谐的果香和酒香。适合在特殊的场合或节日饮用。

2. 按照酒精度划分

(1)低酒精度数红葡萄糖酒:酒精度数在8%~12.5%(vol)。

(2)中等酒精度数红葡萄糖酒:酒精度数在12.5%~13.5%(vol)。

(3)高酒精度数红葡萄糖酒:酒精度数在13.5%~14.5%(vol)。

(4)非常高酒精度数红葡萄糖酒:酒精度数在14.5%(vol)以上。

三 红葡萄酒风味特点

(1)香味:红葡萄酒的香气可能表现为红色浆果味、黑色浆果味、动物气息、橡木味等。

(2)口感:红葡萄酒因葡萄皮的存在而有较高的单宁含量,因此具有较丰富的口感,通常较为醇厚、柔和。

▶ 第二节 红葡萄酒酿造原料及采摘

一 酿造红葡萄酒所用葡萄品种

常用葡萄品种有赤霞珠、梅洛、西拉、马尔贝克、巴贝拉、佳丽酿、品丽珠、蛇龙珠、马瑟兰、增芳德、黑比诺等。

二 葡萄品种质量要求

1. 理化指标

(1)比重:葡萄取样后检测,其果汁的比重为1.080~1.110。

(2)糖度:葡萄取样后检测,其果汁含糖量大于180克/升。

(3)酸度:葡萄取样后检测,其果汁含酸量为6~8克/升。

2. 外观

果实颗粒小,葡萄皮厚且多汁,入口比较酸涩,天然色素含量高,成熟度好,无生青果。

3. 卫生状况

果粒新鲜、洁净,无病果、霉烂果、裂果,无农药污染。

4. 其他要求

盛装葡萄的塑料箱或者其他容器要无毒无味;运输工具要求洁净、无污染。

三 原料采摘

1. 采收期

选择红葡萄成熟期进行采收,确保红葡萄品种香气最浓,糖度和酸度最适。

2. 运输要求

避免长途运输及在采摘地积压,以确保采摘后24小时之内加工完毕。

3. 分选

分选是保证酿造优质葡萄酒的一个必不可少的工序,挑出葡萄叶,剔除霉烂果、生青粒,尽可能挑净果梗。

▶ 第三节 红葡萄酒酿造技术

一 前处理

1. 去梗、破碎

先去梗后破碎的做法:葡萄梗不与葡萄果浆发生接触,葡萄梗所带有的青梗味、苦味等不良味道不会进入葡萄浆中。

先破碎后去梗的做法:葡萄梗与葡萄果浆短暂接触,极少量产生不良味道的物质会进入葡萄浆中。

2. 酶处理

加入0.02~0.04克/升的果胶酶于原料中,处理4~15小时,可提高出汁率15%。及时处理1～2小时,也能显著提高自流汁的比例。

针对不同的葡萄或葡萄酒的天然条件以及不同的酿造条件,应采用不同的果胶酶添加方法和添加量,葡萄酒不同发酵条件下果胶酶用量调整策略见表8-1。

表8-1　葡萄酒不同发酵条件下果胶酶使用量调整策略

条件	调整策略
pH大于2.8	如果小于3.0,要增加用量
温度10～55℃	如果小于20℃,要增加用量
酒精度0～16%	不做调整
单宁未检出	如果单宁含量丰富,要增加用量

3. SO_2 处理

SO_2 处理就是在发酵基质中或果酒中加入 SO_2,以便发酵能顺利进行或有利于果酒发酵。

(1)SO_2 的用量:SO_2 破坏葡萄浆果果皮细胞,有利于浸提果皮中的色素,其用量根据葡萄的健康状况及成熟度计算,以液体状态下的纯 SO_2 或亚硫酸的形式加入。SO_2 处理原料的用量见表8-2。

表8-2　SO_2 处理原料的用量

原料条件	红葡萄酒 SO_2 用量/(毫克/升)	白葡萄酒 SO_2 用量/(毫克/升)
无破损、霉变、成熟度中、含酸量高	30～50	40～60
无破损、霉变、成熟度中、含酸量低	50～100	60～80
破损、霉变	80～150	80～120

(2)SO_2 处理的时间:葡萄被破碎后,一边装罐,一边从罐的上入孔处加入 SO_2。

(3)操作注意事项:SO_2 与发酵基质混合均匀;混合不均可进行一次打循环。

二　葡萄汁的成分调整

红葡萄酒生产过程中,对葡萄汁的糖度和酸度的调整要求较高。

1. 糖度调整

红葡萄酒发酵的糖度为180～250克/升,用白砂糖或者葡萄浓缩汁增加葡萄汁的糖度(参见第七章"葡萄酿酒前准备")。

2. 酸度调整

红葡萄酒发酵的滴定总酸为6～8克/升,用柠檬酸或者酒石酸调酸(参见第七章"葡萄酿酒前准备")。

三 入罐

1. 卫生要求

葡萄汁入灌前,对发酵罐必须进行清洗消毒处理。

2. 装罐量

红葡萄破碎后,直接输入发酵罐中,所装葡萄浆不可超过罐容积的80%。

3. 记录

记录入罐时间、罐号、品种名、数量、理化指标、卫生状况、比重、循环时间等。

4. 操作注意事项

需要精确装罐体积;检查发酵罐顶盖,是否有葡萄皮及葡萄汁充溢罐外。

四 红葡萄酒生产工艺流程

红葡萄酒生产工艺流程如图8-1所示,生产全过程示意图如图8-2所示。红葡萄酒的生产工艺,发酵奠定了红葡萄酒的质量基础,因此发酵过程的控制与管理非常重要。

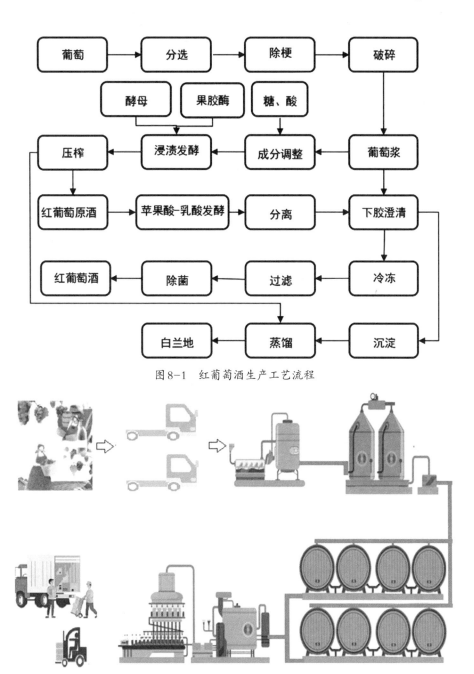

图8-1 红葡萄酒生产工艺流程

图8-2 生产全过程示意图

五 接种

1. 酵母添加时间

在SO_2处理24小时后,将酵母菌添加到红葡萄酒发酵罐中。

2. 酵母添加量

酵母添加量为0.1～0.2克/升,所加入的酵母数量应足,发酵液中活性酵母细胞数不得低于每毫升1×10^6个。

3. 酵母活化方法

(1)水温、水量、搅拌时间:温度为38～40℃,水量:酵母＝10:1,活化时间为20分钟。

(2)打循环:从罐内取葡萄汁少许,加入上述液体中,搅拌,10分钟之内装入罐内,循环35分钟。

4. 操作注意事项

(1)菌种的选择与接种量确定:需要开展菌种优化试验,筛选出适宜型号的酵母菌种和接种量。

(2)正确活化菌种:按酵母使用说明书操作,添加到发酵罐中进行一次倒罐,确保菌种均匀分布在发酵罐中。

六 主发酵

1. 主发酵时间

一般认为,当发酵液中糖分大幅下降,比重达到0.996,为主发酵结束。

2. 主发酵时间确定

发酵温度为20～30℃时,主发酵时间一般为2～3天。

3. 主发酵阶段的现象

发酵初期:发酵液表面平静;发酵中出现星星点点的气泡;泡沫细小;少量的葡萄皮渣浮在表面。

主发酵期:酵母数最多;二氧化碳量明显增加;气泡数多,泡沫大并铺满液面;发酵液高度和泡沫高度高;发酵汁表面容易积累葡萄皮渣;葡萄酒的颜色加深;泡沫的色泽为浅紫色、深紫色。如图8-3所示。

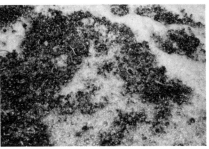

图8-3　主发酵期的红葡萄酒

4. 发酵温度

红葡萄酒浸渍发酵的温度控制在22～30℃。

5. 发酵助剂

如有必要可加入酵母营养剂。

七　后发酵

后发酵必须使新干红葡萄酒中的可发酵性糖全部发酵完,这对于酿成高质量的红葡萄酒是至关重要的。

1. 装罐量

装罐量一般在95%左右。发酵设备上部需留出5～15厘米的空间。

2. 发酵温度

保持在20～25℃。

3. 发酵时间

酒精发酵时间:4～5天。当比重稳定在0.996左右或低于0.996时,再通过测定葡萄酒的含糖量,确定酒精发酵是否结束,当还原糖在2克/升左右时,表示酒精发酵结束。

4. 葡萄酒比重

葡萄酒比重为0.993～0.998。

5. 还原糖

葡萄酒中残糖含量为2克/升。

八 发酵管理

1. 控制温度

采用夹套、米勒板等冷却装置进行冷却;采用冷气来调节发酵的温度;采用喷淋冷却;发酵环境降温,如用冷水冲洗地面。

2. 定时检测

红葡萄酒发酵过程中要定时测定温度、比重,并检查发酵罐中酒帽是否溢出。根据比重,绘制发酵曲线。

(1)测定时间:从接种开始到主发酵结束这一阶段。

(2)测定次数:每天测定 2 ~ 4 次。

(3)取样位置:测定葡萄皮渣下面的发酵液比重。

3. 倒罐

(1)倒罐目的:混匀发酵基质;加快色素、单宁及芳香物质浸提;弄破葡萄皮渣结成的"盖";避免皮渣干燥、霉变与汁液隔离;促进发酵罐底部区域酵母活力。

(2)倒罐时间:从接入酵母菌开始到发酵结束。每次1小时,倒罐时应喷淋整个皮渣的表面。

(3)倒罐方式:

①开放式倒罐:将葡萄汁从罐底的出酒口放入中间容器中,然后再用泵送至罐顶部。

②封闭式倒罐:直接将泵的进酒口接到罐底的排酒口,直接泵送入罐顶部淋洗皮渣。

(4)倒罐次数:倒罐 1 ~ 2 次,每次倒罐量 1/3。刚接种时和发酵后期倒罐次数少,主发酵中期倒罐次数多。

4. 操作注意事项

避免发酵的最高温度接近或超过 30℃;定期测定发酵温度;测定葡萄皮渣下面的葡萄汁温度;取样点要分布于几个不同位置。

九 皮渣分离

适时分离皮渣,可确保红酒色泽鲜艳、爽口、柔和,有浓郁果实香味。皮渣停留时间过长,不利果酒风味的一些物质会过多地溶于酒中,使酒色泽过深,酒味粗糙涩口,酒质下降。酿酒中如果葡萄皮色浅,浸提时间可适当延长。当含糖量在24%~26%时,浸提时间可适当缩短。

1. 皮渣分离时机

(1)根据红葡萄酒的密度:一般比重在0.996左右,发酵酒中含残糖量在5克/升左右。

(2)根据红葡萄酒发酵时间:红葡萄酒发酵时间一般为7天。

(3)根据浸渍天数:红葡萄酒浸渍时间不超过15天。

2. 皮渣分离方法

采用筛网方法,控出自流酒;采用压榨机压榨倒皮渣得到的压榨酒,单独存放。

(1)自流酒处理:将自流酒直接泵送进干净的贮藏罐中,满罐存贮,温度控制在20~24℃。控制总$SO_2 \leqslant 60$毫克/升,以利于苹果酸-乳酸发酵。

(2)压榨酒处理:

①压榨酒直接与自流酒混合:两种葡萄酒混合时,压榨酒一般占12%~13%,自流葡萄酒占87%~88%比较适宜,混合时还需要添加SO_2 0.05~0.069克/升。

②单独贮藏:勾兑或者蒸馏。

(3)操作注意事项:皮渣分离时,发酵罐要通风2~3小时,应排尽发酵罐中的二氧化碳,以避免二氧化碳中毒。

十 苹果酸-乳酸发酵

1. 发酵条件

(1)发酵温度:苹果酸-乳酸发酵温度为18~20℃,要避免过高或过低。

(2)pH:苹果酸-乳酸发酵的最宜pH为3.2。

(3)发酵时间:苹果酸-乳酸发酵时间在30天左右。

(4)操作注意事项:保持发酵罐的填满状态进行苹果酸-乳酸发酵,启动时严格禁止添加SO_2。

2. 苹果酸-乳酸发酵管理

(1)总酸的测定:经常进行,可了解发酵的进度,但要求很高的精确度。

(2)挥发酸的测定:用于监测整个发酵进行得是否正常、纯正,以便采取必要措施。

(3)纸上层析:纸上层析是监测苹果酸-乳酸发酵最直接、简便、有效的方法,监测整个发酵是否触发,苹果酸是否完全消失。

(4)换桶:换桶的目的是及时除去酒脚。第一次换桶在苹果酸-乳酸发酵结束后8~10天进行。第二次换桶在苹果酸-乳酸发酵结束后1.5~2个月时进行。

十一 贮酒陈酿

1. 入罐

苹果酸-乳酸发酵结束后,应将葡萄原酒分离至洁净、温度较低的酒罐中,去除酒脚,同时调整SO_2为50~60 ppm,然后密闭式循环90分钟,之后将罐盖虚掩(盖上罐盖但不拧螺丝),7天后,再往酒液面上加偏重亚硫酸钾,将罐封严。

2. 检测SO_2和理化指标

进入陈酿期后,每半月检测一次游离SO_2,并做好记录。

3. 添罐与转罐

根据气温变化,随时添罐。当年年底至第二年3月份进行一次转罐,去除酒泥。贮存温度为5~25 ℃。

十二 澄清、下胶、过滤

1. 澄清

通过静置方法,果胶、果皮、种子的残屑、酵母和一些溶解度变化很大的盐类逐渐地沉淀于罐底。

再通过转罐方法,将葡萄酒与其沉淀物分开。

2. 下胶

下胶是在葡萄酒中加入亲水胶体,使之与葡萄酒中的胶体物质和单宁、蛋白质以及金属复合物、某些色素、果胶质等发生絮凝反应,并将这些物质除去。常用的下胶剂用量见表8-3。

表8-3　红葡萄酒和白葡萄酒常见下胶剂用量

红葡萄酒中下胶材料	用量/(毫克/升)	白葡萄酒中下胶材料	用量/(毫克/升)
鱼胶	10 ~ 25	鱼胶	60 ~ 150
酪蛋白	100 ~ 1000	酪蛋白	60 ~ 100
膨润土	250 ~ 500或更多	膨润土	250 ~ 400

(1)材料:法国产蛋清粉。

(2)使用量及方法:下蛋清粉量为80 ~ 120克/吨。将所需蛋清粉加入5倍水中,缓慢溶解,然后将溶液加入酒中并循环。静置20天左右分离,清除沉淀。

3. 稳定性处理

采用机械冷稳定形式。

(1)设备:红葡萄酒稳定性处理设备为速冻机。

(2)冷稳定温度:红葡萄酒在-6 ~ -5℃下,配合使用酒石酸氢钾进入保温罐7 ~ 8天后,通过硅藻土过滤及板框式过滤后转入贮罐。

十三 调配

1. 原酒理化分析

将经过冷处理的不同类型、不同批次、不同发酵罐的红葡萄酒按不同比例进行均衡调配,使其内在成分及口感一致。

2. 成分调配

确保红葡萄酒理化成分达到国家标准《葡萄酒》(GB 15037—2006)标准要求,食品添加剂符合《食品安全国家标准　食品添加剂使用标准》(GB 2760—2014)标准要求。

3. 红葡萄酒的收率

红葡萄酒的收率是指每千克的原料葡萄经过一系列的加工和发酵过程后,最终获得的葡萄酒的量(单位为升)。计算公式如下:

$$红葡萄酒收率=\frac{自流原酒量（升）+榨出酒量（升）}{葡萄量（千克）}\times100\%$$

十四 除菌过滤

1. 设备

(1)板框纸板过滤机:主要用于葡萄酒的半净滤及精滤。

(2)硅藻土过滤机:添加助滤剂,用于红葡萄酒的粗滤。

(3)膜过滤机:主要用于装瓶前的除菌过滤,只能过滤澄清的葡萄酒。

2. 要求

装瓶前对干红葡萄酒进行全项理化分析检测,可适当补加游离SO_2,灌装前可补至30毫克/升;使用热水杀菌对整个灌装系统进行热杀菌。

十五 装瓶与包装

首验装瓶、理化检测、微生物检验、感官品尝进入装瓶过程。新瓶必须经过清洗,旧瓶必须经过灭菌和清洗处理。

十六 红葡萄酒的理化指标

红葡萄酒的理化指标见表8-4。

表8-4 红葡萄酒的理化指标

项目		要求
酒精度(20℃)/[%(vol)]		≥7.0
总糖(以葡萄糖计)/(克/升)	干葡萄酒	≤4.0
	半干葡萄酒	4.1 ~ 12.0
	半甜葡萄酒	12.1 ~ 45.0
	甜葡萄酒	≥45.1
干浸出物/(克/升)		≥18.0
挥发酸(以乙酸计)/(克/升)		≤1.2

第九章 白葡萄酒酿造技术

白葡萄酒是生活中常见的葡萄酒饮品,比较适合即饮。它的气味清爽,酒香浓郁,回味深长,是许多人都爱喝的葡萄酒。

▶ 第一节 白葡萄酒定义、分类及特点

一 白葡萄酒定义

白葡萄酒以白葡萄或红皮白肉葡萄为原料,经破碎除梗、压榨、果汁澄清、控温发酵、陈酿及后处理而成。

二 白葡萄酒分类

1. 按残糖划分

(1)干型白葡萄酒:含糖量在4克/升以下,口感清爽、干净、爽口,是最常见的一种白葡萄酒,适合在夏天或温暖的季节饮用,宜与海鲜、沙拉等清淡的食物搭配。

(2)半干型白葡萄酒:含糖量在4~12克/升,口感清爽、口感柔和、圆润、微甜,是常见的一种白葡萄酒,适合在春秋两季或凉爽的季节饮用,宜与辛辣、咸香或中式菜肴搭配。

(3)半甜型白葡萄酒:含糖量在12~45克/升,具有一定的清爽度和酸度,口感丰富、甘美、果香浓郁,适合在冬天或寒冷的季节饮用,宜与甜点、奶酪或水果搭配。

(4)甜型白葡萄酒:含糖量在45克/升以上,甜型白葡萄酒的糖分含量最高,口感清爽、浓郁、甜蜜、香气迷人,适合在特殊的场合或节日饮用,宜与巧克力、蛋糕或冰激凌搭配。

2. 按香气强度划分

(1)清淡型白葡萄酒:酒体比较轻,口感清爽,具有较强的葡萄品种香气,适合夏季饮用。

(2)柔和型白葡萄酒:酒体比较轻,口感柔和,带有花香气,适合春季饮用。

(3)浓郁型白葡萄酒:口感较浓郁,带有烘焙香气,适合秋季饮用。

3. 按发酵过程划分

(1)自然发酵型白葡萄酒:白葡萄酒直接在发酵罐中发酵,突出品种香与水果香,如雷司令、琼瑶浆及麝香等原料酿造的白葡萄酒。

(2)桶龄型白葡萄酒:白葡萄酒在发酵罐中发酵后,移到橡木桶中贮存,突出感较浓郁,比较重,带有烘焙香,如莎当妮干白葡萄酒。

(3)酒泥陈酿型白葡萄酒:白葡萄酒在发酵罐中发酵后,发酵好的原酒与酵母泥混合后,再继续陈酿,突出奶油、酵母和面包的风味,口感变得更为圆润,如长相思干白葡萄酒。

(4)苹果酸-乳酸发酵型白葡萄酒:白葡萄酒在乙醇发酵结束后,再进行苹果酸-乳酸发酵。

三 白葡萄酒风味特点

1. 香味

白葡萄酒的果味比较浓郁,这种酒的果味一般是柑橘、青苹果、石榴、桃子、甜瓜、菠萝等,不同葡萄品种的葡萄酒味道也会有所不同。

2. 口感

白葡萄酒的口感清爽、干净,柔和带有柑橘和青苹果的味道,让人感觉非常清新,没有红葡萄酒那样带有刺激性的口感。

▶ 第二节　白葡萄酒酿造原料及采摘

一　酿造白葡萄酒所用葡萄品种

葡萄的品种对酒的感官质量具有重要影响,如霞多丽、雷司令、琼瑶浆、麝香葡萄赋予白葡萄酒相应的突出的品种香。

1. 优质白葡萄品种

霞多丽、琼瑶浆、白雷司令、长相思、白麝香、灰雷司令、白品乐、米勒、白诗南、赛美蓉、西万尼、贵人香等是酿造白葡萄酒的优良品种。

2. 一般白葡萄品种

白羽、白玉霓、龙眼、玫瑰香是酿造白葡萄酒的一般品种。

二　葡萄品种质量要求

1. 理化指标

(1)比重:葡萄取样后检测,其果汁的比重为1.080～1.100。

(2)糖度:葡萄取样后检测,其果汁含糖量大于200克/升。

(3)酸度:葡萄取样后检测,其果汁含酸量为6～8克/升。

2. 外观

具有本品种该有的穗形,果粒紧,粒小,呈圆形,果粒大小均匀,无明显大小粒,成熟度好,果肉柔软,呈浅黄绿色,无生青果。

3. 卫生状况

果粒新鲜、洁净、无病果、霉烂果、裂果、农药污染及人为损伤果、果穗内无杂草、绿叶、枯叶、树枝、泥土等杂物。

4. 其他要求

盛装葡萄的塑料箱或者其他容器要无毒无味;塑料箱或者其他工具每次用后仔细冲洗;运输工具要求洁净、无污染、无异味,必要时用后可用偏重亚硫酸钾水溶液喷洗。

三 原料采摘

1. 采收期

选择最佳葡萄成熟期进行采收,确保葡萄香气最浓,糖度和酸度最适,同时防止过熟或者霉变。

2. 运输要求

避免长途运输及在采摘地积压,以确保采摘后24小时之内加工完毕。

3. 抽样检测

要在采摘前后对主要理化指标进行检测。

4. 分选

剔除不合格果穗、果粒及其他杂物。

▶ 第三节　白葡萄酒酿造技术

一 前处理

葡萄的前处理是不可缺少的工艺过程,也是提高葡萄酒质量的关键工序之一。

一般来说,葡萄的前处理工序包括除梗破碎、低温浸皮和缓慢压榨等工艺过程。

1. 除梗破碎

(1)除梗速度:输送或分离螺旋的设备都必须低速运转。

(2)破碎程度:每粒葡萄都要破碎,破碎适中。

(3)SO_2:破碎过程中加入焦亚硫酸钾。

(4)输送:通过配套的输送泵,将果汁泵入酒罐。为保证下一次的加工质量,每次加工完毕都要对设备进行及时和仔细的清洗。

2. 低温浸皮

(1)原料要求:低温浸皮工艺要求葡萄成熟度好,无霉烂果粒。

（2）SO₂添加量：浸提过程中添加 SO_2，添加量为 60 ~ 120 毫克/升。

（3）浸提温度：浸提温度为 3 ~ 5 ℃。

3. 缓慢压榨

（1）压榨设备：果汁分离是白葡萄酒的重要工艺，其分离方法有四种：螺旋式连续压籽机分离果汁、气囊式榨汁分离果汁、果汁分离机分离果汁、双压板（单压板）压榨机分离果汁。

（2）果汁类型：

①自流汁：葡萄破碎后经淋汁，取得自流果汁，味道最醇美，香气最纯正。

②压榨汁：破碎后的葡萄再经压榨取汁，为了提高果汁质量一般采用二次压榨分级取汁。自流汁和压榨汁的质量不同，应分别存放。

（3）两种果汁的用途：见表9-1。

表9-1　自流汁和压榨汁不同的用途

果汁类型	占总出汁量比例	用途
自流汁	60% ~ 70%	生产高级白葡萄酒
一次压榨	25% ~ 35%	单独发酵或自流汁混合
二次压榨	5% ~ 10%	发酵后作调配用

二　果汁澄清

果汁澄清即将果汁中的杂质尽量减少到最低含量，以便更好地发酵，且有利于保留葡萄的品种香，有利于减少杂醇的形成，有利于沉淀多酚氧化酶，减少汁的酶促氧化；减少 H_2S 的生成。白葡萄酒酿造前的果汁澄清通常使用以下五种方法。

1. 自然澄清法

自然澄清是在低温下进行葡萄汁的静置澄清操作，是一种常用的生产方法。

（1）自然澄清条件：

①低温澄清温度：5~10℃；

②自然澄清时间：1~2天；

③SO₂用量:60~80毫克/升。

(2)自然澄清优缺点:

优点:这种方法几乎不耗能,操作简便,不需要辅助设备,成本低。

缺点:葡萄汁中的沉淀物沉降速度慢,沉降效果差。

2. 果胶酶澄清法

(1)果胶酶澄清条件:

①果胶酶用量:0.1 ~ 0.15 克/升;

②澄清时间:24小时左右。

在使用前应先做小样,找出最佳效果的使用量。若温度低,要延长酶解时间。

(2)果胶酶澄清优缺点:

优点:可保持原果汁的芳香和滋味;降低果汁中总酚和总氮的含量;提高果汁出汁率3%左右;提高酒的过滤速度。

缺点:比较烦琐,需要前期先做小样,预估果胶酶的用量和澄清时间。

3. 皂土澄清法

(1)皂土澄清条件:

①皂土用量:0.05% ~ 0.1%;

②澄清时间:1 ~ 2天。

(2)皂土澄清优缺点:

优点:澄清速度快。

缺点:无法预测和控制皂土对脂肪酸如棕榈酸、油酸、亚油酸、亚麻酸以及角鲨烯和β-谷甾醇的除去作用。

4. 离心澄清法

(1)离心澄清条件:

①离心机转速:10 000转/分钟以上;

②离心时间:5 ~ 10分钟。

(2)离心澄清优缺点:

优点:澄清速度快,时间短;澄清时也只除去悬浮物质,对果汁的化学成分影响最小,香气损失最小;自动化程度高,可以降低劳动强度。

缺点:离心设备价格较贵。

5. 硅藻土过滤澄清法

(1)硅藻土过滤澄清条件:

①过滤压力:0.1 MPa左右;

②过滤时间:依据葡萄酒的澄清程度而定。

(2)硅藻土过滤澄清优缺点:

优点:过滤速度快。

缺点:更换滤布比较麻烦;过多地除去固形物,挥发酸含量过高。

三 葡萄汁的成分调整

在白葡萄酒生产过程中,对葡萄汁的酸度调整要求较高,糖度和酸度调整方法如下:

1. 糖度调整

白葡萄酒发酵的糖度为180~240克/升,可用白砂糖或者浓缩葡萄酒汁提高糖度(参见第七章"葡萄酿酒前准备")。

2. 酸度调整

白葡萄酒发酵的滴定酸为6~8克/升(以乙酸计),可用酸葡萄汁或者柠檬酸、酒石酸调酸(参见第七章"葡萄酿酒前准备")。

四 入罐

1. 果汁要求

果汁澄清度要高,葡萄汁中氧化酶与易氧化的物质要少。

2. 卫生要求

葡萄汁入灌前对发酵罐必须进行清洗消毒处理。

3. 装罐量

葡萄汁的入罐量为容器的80%,入罐的同时要添加SO_2。

4. 记录

记录入罐时间、罐号、品种名、数量、理化指标、卫生状况、比重等。

果酒
实用加工技术

（五）白葡萄酒发酵工艺流程

白葡萄酒生产工艺流程如图9-1所示,生产全过程示意图如图9-2所示。

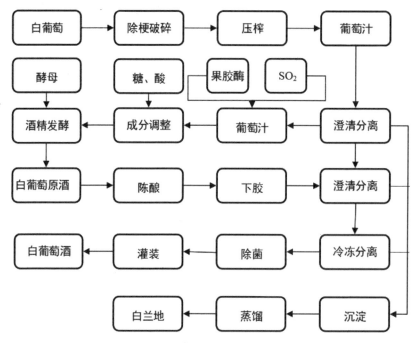

图9-1 白葡萄酒生产工艺流程图

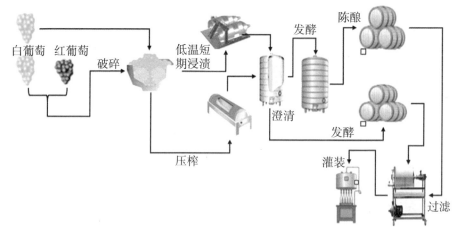

图9-2 白葡萄酒生产全过程示意图

六 接种

1. 酵母添加量

起始的第一罐酵母添加量为200克/吨,启动后第二罐酵母添加量100~150克/吨。

2. 酵母活化方法

(1)水温、水量、搅拌时间:活性干酵母菌活化用的水温度为38~40℃;活性干酵母菌活化用的水量:酵母=10:1;搅拌时间为20分钟。

(2)打循环:从罐内取葡萄汁少许,加入上述液体中,搅拌,最多10分钟进入罐内,循环30分钟。

七 发酵管理

低温发酵的葡萄酒含有较多的水果香味,特别是新酒果香味更突出,发酵期间的管理及监测是酿酒工艺中最重要的环节。

1. 发酵条件

(1)发酵温度:白葡萄酒发酵温度多为10~20℃,最佳为16~18℃。

(2)发酵时间:白葡萄酒发酵时间一般为10~15天。

(3)发酵助剂:

①铵盐:硫酸铵的用量不应超过0.3克/升。酵母对无机氮有良好的吸收能力,在酿造葡萄酒时,允许使用以酒石酸盐、氯化物、硫酸盐或磷酸盐等形式与铵离子结合的盐类。

②酵母菌皮:在葡萄汁中添加酵母菌皮剂量不应超过0.4克/升,可防止乙醇发酵停止。

2. 发酵管理

(1)控制温度。白葡萄酒应保持低温发酵,发酵过程中严格控制品温。

(2)定时检测。白葡萄酒发酵过程中要定时测定温度、比重,避免发酵时间过长。检查发酵罐是否有发酵液溢出,避免杂菌污染。检查发酵罐是否密封,发酵前后充加惰性气体如N_2、CO_2,以隔绝空气。

（3）添加亚硫酸。白葡萄酒发酵过程中根据发酵状况，适时添加 SO_2，以增加亚硫酸。

（4）添罐并罐。发酵结束后及时并罐，7～10天后及时分离，并及时加入 SO_2，操作过程中避免与铜、铁器具接触。

（5）清洗。使用后的发酵罐及时清洗，通常先用水冲洗，再用碱性水溶液循环喷淋冲洗或浸泡，最后用清水冲洗。

3. 白葡萄酒发酵关键指标

（1）白葡萄酒前发酵关键指标：

①葡萄酒表面：发酵液面只有少量 CO_2 气泡，液面较平静；

②葡萄酒温度：发酵温度接近室温；

③酒体颜色：酒体呈浅黄色、浅黄带绿或乳白色；

④葡萄酒香味：有明显的果香、酒香、CO_2 气味和酵母味；

⑤葡萄酒口味：品尝有刺舌感，酒质纯正；

⑥酒精度：9%～12%（vol）；

⑦残糖：<4克/升；

⑧相对密度：1.010～1.020；

⑨挥发酸（以乙酸计）：<0.4克/升。

（2）白葡萄酒后发酵的关键指标：葡萄酒比重在0.996～0.998，还原糖在2～3克/升。

八 陈酿

1. 陈酿方式

（1）不锈钢罐或其他惰性容器：果香型白葡萄酒或其他不需要桶贮的白葡萄酒一般在不锈钢罐或其他惰性容器中陈酿，且陈酿时间不宜过长，以保持酒的新鲜的果香。

（2）橡木桶：在木桶中陈酿的可以是澄清的新酒，也可以是带酒脚的混酒。

2. 陈酿管理

（1）装罐量：陈酿时应装满贮存罐，要减少酒与空气的接触面积。白葡萄酒陈酿期间,要及时检查存储罐,做到及时添罐。

(2)添加SO_2:应每周用同质量的酒满罐一次或补充少量的SO_2,安装好发酵栓或水封。

(3)定期检测:进入陈酿期后,每半月检测一次游离SO_2浓度,并详细做好记录。

(4)贮存温度:白葡萄酒贮存温度为5~25 ℃。

(5)陈酿时间:白葡萄酒陈酿时间为从当年的年底至第二年三月份;每月检测一次全项理化指标。

九 澄清稳定处理(下胶)

1. 澄清处理

(1)澄清材料(以皂土为例):

①皂土的使用量:800~1 000克/吨;

②皂土的使用方法:澄清试验得出最佳的皂土使用量后,将皂土用10倍水浸泡、搅拌成浆状皂土溶液,皂土需要提前浸泡,倒罐时随原酒进入接收罐,但要注意控制皂土溶液的流速。

(2)澄清时间:白葡萄酒澄清时间7~20天,下胶后要及时进行葡萄酒分离,清除沉淀。

2. 稳定性处理

(1)设备:白葡萄酒稳定性处理设备与红葡萄酒一致,通常采用速冻机。

(2)速冻条件:

①温度:−4.5~5.5 ℃;

②时间:7~8天。

配合使用酒石酸氢钾进入保温罐。速冻结束后,通过硅藻土过滤及板框式过滤后转入贮存罐。

十 调配

1. 原酒理化分析

对各罐原酒的成分进行检测后,将同类型的原酒按比例,在同一个

容器中进行混合,使内在成分及口感一致。

2.成分调配

按照《葡萄酒》(GB 15037—2006)要求调整成分,食品添加剂要符合《食品安全国家标准　食品添加剂使用标准》(GB 2760—2014)规定。

十一 除菌过滤

1.设备

白葡萄酒过滤采用板框式过滤机和膜过滤机,与红葡萄酒过滤设备相同。

2.除菌要求

(1)理化检测:装瓶前对白葡萄酒进行残糖、酒精度、总酸、挥发酸、SO_2、干浸出物含量检测分析,进一步核实是否符合产品质量要求。

(2)补加偏重亚硫酸钾:灌装前可将SO_2含量补至40~50毫克/升。

十二 灌装与存放

1.灌装流程

水→过滤器→反冲瓶→偏重亚硫酸钾水冲瓶→控瓶→干净瓶→灌装→打塞→半成品。

2.热水杀菌

对整个灌装系统进行热杀菌,包括过滤机、冲瓶机、灌装机等。

3.成品

瓶贮后的葡萄酒经套帽、热缩、贴标、检验、装箱,即为成品酒。贮存环境的最适温度为15~20℃,湿度为70%~85%,空气状况应清洁、新鲜,仓库注意定期通风换气。

十三 白葡萄酒的理化指标

白葡萄酒的理化指标见表9-2。

表9-2　白葡萄酒的理化指标

项目		要求
酒精度(20℃)/[%(vol)]		≥7.0
总糖(以葡萄糖计)/(克/升)	干葡萄酒	≤4.0
	半干葡萄酒	4.1~12.0
	半甜葡萄酒	12.1~45.0
	甜葡萄酒	≥45.1
干浸出物/(克/升)		≥16.0
挥发酸(以乙酸计)/(克/升)		≤1.2

第十章 桃红葡萄酒酿造技术

桃红葡萄酒口味清爽、色泽亮丽,给人以时尚、亲切的气息,其色泽和风味,一般可分淡红、桃红、橘红、砖红等。随着葡萄酒消费中心向中国转移,桃红葡萄酒也开始在中国市场流行,越来越多的企业和消费者青睐清新爽口、清丽秀美的桃红葡萄酒。

▶ 第一节 桃红葡萄酒定义及特点

一 桃红葡萄酒定义

桃红葡萄酒是指在发酵过程中控制葡萄汁与皮渣接触时间酿制而成的介于红葡萄酒与白葡萄酒之间的葡萄酒。

二 桃红葡萄酒风味特点

优质桃红葡萄酒必须具有以下特点。

1. 色泽

具有较浅的红色色彩,漂亮透明,有晶莹悦目的光泽。

2. 果香

类似新鲜水果或花香的香气。

3. 清爽

具备足够高的酸度。

4. 柔和

酒度应与其他成分相平衡,色较深、果香浓、味厚。

第二节　桃红葡萄酒酿造原料及采摘

一　酿造桃红葡萄酒所用葡萄品种

1. 葡萄品种

最常用品种有:歌海娜、神索、西哈、玛尔拜克、赤霞珠、梅尔诺、佳利酿、品丽珠等。

2. 品种选择原则

一般情况下,酿造红葡萄酒的所有原料品种都可以作为酿造桃红葡萄酒的原料品种。但是需要根据生态条件、颜色稳定性要求选择相应的葡萄品种或不同葡萄的品种。

二　葡萄品种质量要求

1. 理化指标要求

高质量的桃红葡萄酒原料生长在较冷的小气候和疏松的沙土地中,酿造桃红葡萄酒的葡萄不能过熟,这是为了保证香气和清爽感,质量要求与白葡萄酒原料相似(参见第九章"白葡萄酒酿造技术")。

2. 外观

葡萄原料完好无损(参见第九章"白葡萄酒酿造技术")。

三　原料采摘

采摘过程中尽量减少对原料不必要的机械处理(参见第八章"红葡萄酒酿造技术"和第九章"白葡萄酒酿造技术")。

第三节　桃红葡萄酒酿造技术

桃红葡萄酒是佐餐型葡萄酒,具有良好的新鲜感,色素和单宁多酚类物质(包括)对桃红葡萄酒质量具有重要影响,所以桃红葡萄酒的酿造技术应能充分保证获得适量的酚类物质,以保证新酒清爽,并且有略带紫色调的玫瑰红色。

一　直接压榨酿造法

1. 直接压榨工艺流程

如图10-1所示。

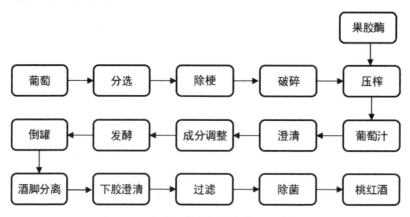

图10-1　直接压榨法桃红葡萄酒工艺流程

此方法所用原料是红葡萄酒的原料,发酵条件是白葡萄酒的发酵条件。

2. 原料选择

色素含量比较高的葡萄品种,质量要求可参见第八章"红葡萄酒酿造技术"。

3. 前处理

(1)破碎。破碎度95%以上。

(2)压榨。加入亚硫酸,缓和压榨,避免氧化,压榨后的汁及时进入下一步澄清。

（3）澄清。采取下胶剂，如皂土等，加快澄清速度。

4. 发酵

发酵温度为18~20℃，发酵时间为15~20天。

5. 澄清稳定处理

皂土添加量为0.5~1克/升，澄清时间为7~20天。下胶后要及时进行葡萄酒分离，清除沉淀。速冻温度为-4.5~5.5℃，时间为7~8天，过滤杂质。

6. 调配、除菌

调配要求：不能有过量的橙色或紫色，须呈现出桃红色。通过膜过滤设备除杂菌，除菌膜的孔径为0.2微米。

二 短期浸渍分离工艺流程

1. 工艺流程

如图10-2所示。

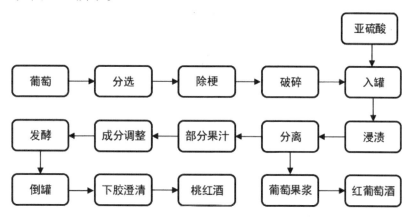

图10-2　短期浸渍分离法桃红葡萄酒工艺流程

通常是采用这种方法酿成的桃红葡萄酒质量比较高，但是产量受到限制。

2. 前处理

葡萄原料除梗破碎后，加入适量SO_2，SO_2用量为80~150毫克/升，SO_2

用量与红葡萄酒酿造中的原料处理相同(参见第八章"红葡萄酒酿造技术")。

3. 入罐、浸渍、压榨

将葡萄原料装罐浸渍2～24小时,及时压榨分离出20%～25%的葡萄汁。采用短期浸渍分离法酿成的桃红葡萄酒,颜色纯正,香气浓郁。

4. 发酵条件

发酵温度为18～20℃,发酵时间为15～20天。分离后立即启动桃红葡萄酒发酵,桃红葡萄酒发酵条件与白葡萄酒发酵条件相同(参见第九章"白葡萄酒酿造技术")。

5. 发酵管理

严格控制桃红葡萄酒发酵条件,发酵启动缓慢会失去传统桃红葡萄酒的芳香特征,而成为所谓"咖啡葡萄酒"或"一夜葡萄酒"。

(1)控制温度:桃红葡萄酒的发酵温度应严格控制在18～20℃,温度过高时应采取设备降温和地面环境降温等措施。

(2)控制时间:桃红葡萄酒发酵时间在15～20天,发酵期间要定期检测比重、糖度、酒精度,绘制发酵曲线,及时终止发酵。

(三) 红、白葡萄混合去皮发酵

将红、白葡萄按照一定比例混合后,去皮发酵酿制出桃红葡萄酒。一般红、白葡萄比例为1:3。其工艺流程如图10-3所示。

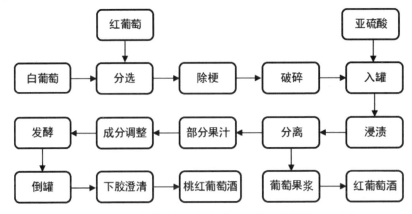

图10-3 红、白葡萄混合去皮发酵法制桃红葡萄酒工艺流程

1. 发酵条件

（1）浸渍时间：红葡萄和白葡萄混合后，浸渍2～24小时，及时进行皮渣分离，获得葡萄汁。

（2）发酵温度：控制在18～20℃。

（3）发酵时间：一般为15～20天，发酵过程中，定时检测比重、糖度、酒精度，确定准确发酵时间。

2. 发酵管理

发酵过程中严格控制浸渍时间和发酵温度，按时倒罐和并罐，严格监控发酵罐进料孔，防止冒罐，避免杂菌污染。

（四）直接调配法

直接调配法是在分别酿制出白葡萄原酒和红葡萄原酒后，再将二者按白葡萄原酒：红葡萄原酒＝1∶1.3的比例进行调配。其工艺流程如图10-4所示。

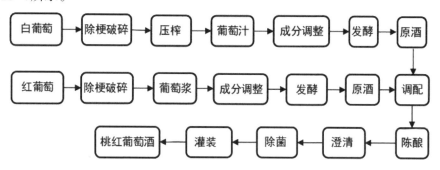

图10-4　直接调配法制桃红葡萄酒工艺流程

（五）桃红葡萄酒的发酵工艺特征

桃红葡萄酒的发酵工艺特征见表10-1。

表 10-1　桃红葡萄酒的发酵工艺特征

项目		桃红葡萄酒	红葡萄酒相比	白葡萄酒相比
品种	品种种类	皮红肉白的品种或者浅色葡萄	皮红肉白的品种用于生产红葡萄酒	浅色葡萄用于生产白葡萄酒
前处理	浸渍	浸渍时间短,为2~24小时,浸渍后及时渣液分离	浸渍与发酵同时进行	不需要浸渍,果汁分离后低温发酵
	渣液分离	带皮发酵或渣液要分离	带皮发酵	渣液要分离
发酵	主发酵	低温发酵,18~20℃	20~27℃	低温发酵 18~20℃
	后发酵	一般不进行苹果酸-乳酸发酵	诱导苹果酸-乳酸发酵	保持适量的苹果酸
外观	色泽	酒色较浅,呈淡桃红色	颜色较深	颜色浅黄色

（六）桃红葡萄酒的理化指标

桃红葡萄酒的理化指标见表10-2。

表 10-2　桃红葡萄酒的理化指标

项目		要求
酒精度(20℃)/[%(vol)]		≥7.0
总糖(以葡萄糖计)/(克/升)	干葡萄酒	≤4.0
	半干葡萄酒	4.1~12.0
	半甜葡萄酒	12.1~45.0
	甜葡萄酒	>45.1
干浸出物/(克/升)		>17.0
挥发酸(以乙酸计)/(克/升)		≤1.2

第十一章　白兰地酿造技术

白兰地具有悠久的历史,现已发展成为世界性的饮料酒,生产白兰地的工厂分布世界各地。世界上生产白兰地的国家很多,但以法国出品的白兰地最为驰名。

第一节　白兰地定义、分类及特点

一　白兰地定义

白兰地是一种蒸馏酒,以水果为原料,经过发酵、蒸馏、贮藏而酿成。白兰地可分为水果白兰地和葡萄白兰地两大类。常说的白兰地都是葡萄白兰地,也是白兰地中数量最大的一类,以其他水果为原料的白兰地,会加上水果名称,如樱桃白兰地、苹果白兰地等。

二　白兰地分类

1. 按原料分类

分为葡萄白兰地、苹果白兰地、樱桃白兰地、桃子白兰地等。

2. 按等级分类

(1)特级(XO)白兰地:橡木桶中至少陈酿6年。

(2)优级(VSOP)白兰地:橡木桶中至少陈酿4年。

(3)一级(VO)白兰地:橡木桶中至少陈酿3年。

(4)二级(VS)白兰地:橡木桶中至少陈酿2年。

3. 按地域分类

(1)干邑白兰地:法国干邑地区特产。干邑是法国著名的白兰地产区,只有法国干邑地区酿造的,且以铜制蒸馏器双重蒸馏,并在法国橡木桶中密封酿制2年以上的白兰地,才可称作干邑白兰地。

其他地区白兰地:除干邑外的其他地区生产的白兰地。

3. 白兰地风味特点

(1)香气:白兰地的香气丰富而复杂,包括木质、浆果和香料的味道。

(2)口感:白兰地口感醇厚,入口有淡淡的甜味,但之后的口感会转为辛辣和酸味。

▶ 第二节 白兰地酿造原料及采摘

一 酿造白兰地所用葡萄品种

1. 酿造优质白兰地常用的葡萄品种

主要是白玉霓、白福、鸽龙白,这三种葡萄酿造的白兰地酒芳香细腻、品味协调。

2. 酿造普通白兰地常用的葡萄品种

包括白羽、白雅、龙眼等品种,这些品种在我国种植面积比较广。

二 葡萄品种质量要求

生产白兰地所需葡萄的含糖量应控制在130~170克/升,酸度可达9.2~13克/升。果粒新鲜、洁净,无病果、霉烂果、裂果、农药污染及人为损伤果,果穗内无杂草、绿叶、枯叶、树枝、泥土等杂物。

三 原料采摘

1. 采收期

一般适宜采摘时间,北半球在每年的8月下旬,确保葡萄香气最浓,

糖度和酸度最适。过早则含糖量过低、酒体过瘦、香气不饱满,形成好白兰地的机会减少;过晚则糖含量过高,使发酵后的白兰地原料酒酒精含量过高,蒸馏过程很难控制,原白兰地香气单薄。

2. 运输要求

白兰地酿造原料要避免长途运输及在采摘地积压,以确保采摘后及时压榨取汁。

▶ 第三节　白兰地酿造技术

一 前处理

葡萄的前处理工序包括除梗破碎和缓慢压榨等工艺过程。

1. 除梗破碎

除梗破碎要及时,以防止氧化。

2. 缓慢压榨

白兰地酿造中葡萄的破碎压榨要分批压榨。压榨过程中绝对不能添加SO_2。这与红、白葡萄酒有着显著区别。白兰地酿造中压榨汁酿造的白兰地要好于自流汁酿造的白兰地。压榨可以获得更多的香味物质,参与发酵使香气更加高雅复杂。

二 果汁澄清

白兰地酿造用的纯汁发酵,酒中单宁低,总酸高,杂质少,蒸馏的白兰地醇和柔软。

白兰地酿造是葡萄汁发酵,葡萄汁的澄清与白葡萄酒酿造中果汁的澄清相同(参见第九章"白葡萄酒酿造技术")。

三 葡萄汁的成分调整

在白兰地生产过程中,葡萄汁的糖度为130～170克/升,酸度为9.2～

13克/升,糖度和酸度需要进行调整(参见第七章"葡萄酒酿酒前准备")。

(四) 白兰地发酵工艺流程

白兰地酿造包括两个过程:葡萄酒发酵过程、葡萄酒液态蒸馏过程,如图11-1所示。白兰地发酵过程中绝对不添加SO_2。

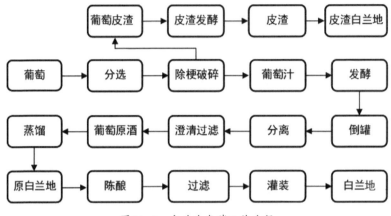

图11-1 白兰地发酵工艺流程

(五) 接种

1. 酵母添加量

酵母添加量为0.2~0.5克/升,需要经过酵母添加量发酵试验,确定最佳的接种量。

2. 酵母活化方法

白兰地酿造酵母需要活化20分钟,之后加到发酵罐中,继续打循环10分钟。

(六) 发酵管理

1. 发酵条件

(1)发酵温度:白兰地酒精发酵温度的控制及管理与白葡萄酒酿造相同。

(2)发酵时间:白兰地酒精发酵时间与白葡萄酒酿造相同。

2. 发酵管理

(1)控制温度：白兰地发酵应保持恒温发酵,发酵过程中严格控制品温,与白葡萄酒发酵管理相同。

(2)定时检测：发酵过程中定时检测比重、酒精度、糖度。残糖达到3克/升以下,表明酒精发酵完全结束。

(3)倒罐：发酵过程中,严格遵照倒罐时间和次数要求,确保酵母菌活力高,倒罐的方法与白葡萄酒酿造技术相同(参见第九章"白葡萄酒酿造技术")。

(4)自然澄清：在罐内进行自然澄清,然后将上部清酒与酒脚分开。

(5)过滤：白兰地原酒进行硅藻土粗过滤,收集获得白兰地原酒。清酒与酒脚分别单独蒸馏。

3. 白兰地原酒质量标准

(1)理化指标：白兰地原酒中残糖含量在3克/升以下,挥发酸为0.3克/升,pH<3.2。

(2)感官指标：不能带有硫化氢臭味。SO_2在发酵和蒸馏过程中会形成硫醇类,使得白兰地带有恶劣的气味。

（七）白兰地的蒸馏

1. 夏朗德壶式蒸馏设备

夏朗德壶式蒸馏器是铜制材料,如图11-2所示。该设备耐酸腐蚀,

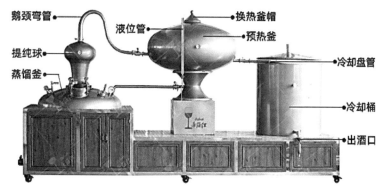

图11-2　夏朗德壶式蒸馏器

低热能消耗,加热和蒸馏过程中铜可与丁酸、己酸、辛酸、癸酸、月桂酸等形成不溶性铜盐。该设备蒸馏的效果见表11-1。

表11-1　夏朗德壶式蒸馏器出酒量与能耗

容积/升	出酒量/(升/时)	耗电量/(度/时)	耗水量/(吨/时)
10	0.5～1	2	0.01
50	3～3.5	4.5	0.05
500	10～15	20	0.25
1000	25～30	45	0.4

2. 蒸馏工艺过程与操作技术

(1)粗馏:第一次蒸馏属于粗蒸馏,一直蒸馏到酒精度为1%(vol)时停止蒸馏,不进行掐头去尾,得到粗蒸馏原白兰地的酒精度为26%～29%(vol)。

(2)精馏:

①去酒头:将第一次的粗蒸馏白兰地原酒进行二次蒸馏,需按照1%～2%的比例对精馏酒掐头,酒头酒精度为68%～72%。

②收集酒身:取中间蒸馏酒,直到酒精度为60%(vol)。

③去酒尾:蒸馏过程中酒精度从55%(vol)降至1%(vol),这期间收集的酒为酒尾。

切取的酒头酒尾混合后放入蒸馏器中重新蒸馏。

(八) 白兰地卫生标准

严格控制甲醇浓度,国家标准要求小于80毫克/升。

▶ 第四节　白兰地的陈酿

(一) 白兰地在陈酿过程中的变化

新蒸馏出的白兰地的品质还达不到酒体高雅的特性,口感辣尚未成熟,色泽为无色透明,并没有琥珀色和金黄色。通过橡木桶陈酿才能得到品质优良的白兰地酒。

1.体积减小

成熟过程中酒的体积不断减少。减少的幅度和速率主要决定于陈酿温度和湿度。

2.酒度降低

白兰地的酒度逐渐降低,每年平均下降0.5%(vol)左右。

3.其他变化

(1)白兰地陈酿中单宁的变化:随着在橡木桶中贮存年限的增长而增加,特别是在头3~4年,白兰地中单宁含量增加比较显著,陈酿期间氧化的单宁也缓慢增加,口感柔和。

(2)原白兰地陈酿中酸度的变化:随着陈酿期限的增长,原白兰地中总酸的含量也增长。

(3)原白兰地陈酿中醛和缩醛含量的变化:原白兰地贮存时间越长,醛和缩醛的含量越高。

二 橡木桶陈酿工艺

1.原酒桶的驯化处理

新加工的橡木桶使用前必须先用水处理、排除水溶性的单宁,然后再用65%~75%(vol)的酒精浸泡15~20天,再用较好的老酒进行驯化培养3天左右,去除过重的木桶颜色及生青味。

2.原白兰地的陈酿时间控制

白兰地的陈酿时间主要根据酒度和橡木桶的质量进行调整。

三 白兰地人工老熟工艺

加入适量的橡木片贮存6~8个月,可以提高自然老熟速度。

第五节 白兰地的勾兑、调配、贮藏

一 白兰地的勾兑、调配

原白兰地是一种半成品酒,一般不能直接饮用,需要勾兑与调配变为成品酒方可饮用。

1. 对不同品种原白兰地的勾兑

不同葡萄品种的原白兰地风味各不相同,充分利用不同品种的白兰地特性,勾兑出最佳的白兰地。

2. 不同酒龄的原白兰地勾兑

白兰地原酒的酒龄不同,其各种物质含量也不同,不同酒龄的白兰地原酒进行勾兑,可提高白兰地的陈酒风味。

3. 原白兰地酒度稀释

白兰地酒度在国际上一般标准是42%~43%,我国白兰地的酒度标准是40%~43%,降低白兰地的酒度,不能直接加水。应先将少量白兰地用蒸馏水稀释,使其酒度达27%,贮存一段时间后再将稀释后的白兰地加进高度白兰地中。

4. 白兰地调色

调配白兰地时,用白砂糖制成的糖色进行调整。高质量的白兰地一般不需要调色。原白兰地长期在橡木桶中贮存、桶的单宁色素物质溶解到原白兰地中,使无色的原白兰地具有金黄色。

二 白兰地的冷冻处理

白兰地勾兑调配后,需进行冷冻处理。冷冻温度为-15~20 ℃,时间为3~4天。

三 白兰地的过滤

通过膜过滤去除杂质,方可灌装。

四 白兰地贮藏管理

贮藏室的要求:白兰地的贮藏室最适宜的室温是 15～25 ℃,相对湿度在 75%～85%。

第十二章 其他果酒酿造技术

第一节 梨酒酿造技术

梨原产于中国,品质优良、风味好,芳香清雅,营养丰富,具有消痰止咳的功效,备受消费者的青睐。梨酒是以新鲜梨为原料酿造的一种饮料酒。

一 工艺流程

梨酒呈金黄色,清亮透明,具有梨特有的香气和独特的风格,滋味醇柔协调,酒体完整。梨酒生产工艺流程如图12-1所示。

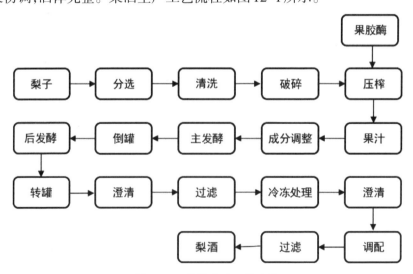

图12-1 梨酒生产工艺流程

二 原料选择

选择充分成熟、新鲜、无腐烂、无病虫害、含糖高的梨。

三 前处理

1. 清洗

用清水将梨冲洗干净、沥干,对表皮农药含量较高的梨,先用盐酸浸泡,清水冲洗,洗涤过程中可用木桨搅拌。

2. 破碎、压榨

将挑选清洗后的梨去梗、去核,用破碎机打成直径为 1~2 厘米的均匀小块。由于梨子容易产生褐变,在梨破碎和压榨的过程中要特别注意褐变问题。

3. 澄清

自然澄清后,去除悬浮物等杂质。

4. 调整成分

用酸将其果汁的 pH 调整至 3.8 以下,添加 SO_2 70 毫克/升,添加果胶酶 0.2 克/升。

四 发酵

发酵条件为:

(1)发酵温度:20~25 ℃或 16~20 ℃。

(2)发酵时间:常温发酵时间为 7~10 天,低温发酵时间为 35~40 天。

五 分离

发酵结束后及时倒罐和并罐,分离酒脚。

六 澄清处理

在酒中加入适量明胶或 10~50 毫克/升的果胶酶进行澄清处理,一般要静置 7~10 天,之后进行过滤。

七 冷冻

降温至-4℃，冷冻5天后迅速过滤。

八 除菌、装瓶

经除菌过滤后，梨酒应清亮透明，带有梨特有的香气和发酵酒香，色泽为浅黄绿色。

第二节 樱桃酒酿造技术

一 樱桃发酵酒

樱桃发酵酒是利用酵母菌将樱桃果汁中可发酵性的糖类进行发酵生成乙醇，再经澄清过程而获得酒液清晰、色泽鲜美、醇和芳香的产品。

1. 工艺流程

樱桃发酵酒具有樱桃原汁的特有香味，醇和爽口，酒液澄清鲜亮，呈深褐色，是一种优质水果酒。樱桃发酵酒生产工艺流程如图12-2所示。

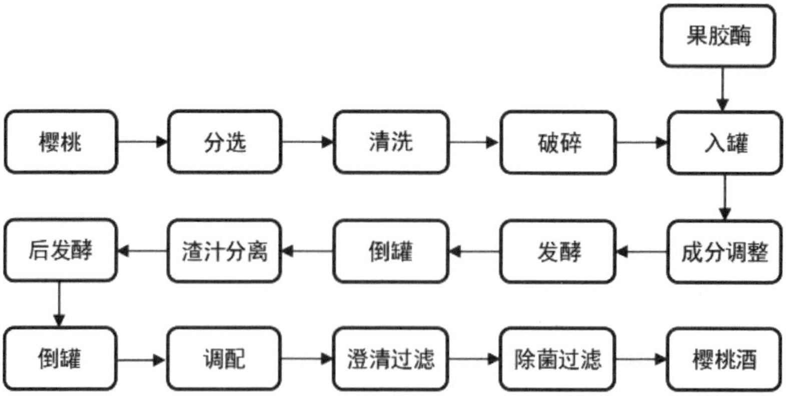

图12-2 樱桃发酵酒生产工艺流程

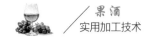

2. 原料选择

原料樱桃采摘后必须立即运往加工厂,运输过程中要轻拿轻放。原料应选择成熟鲜红、含糖高的。腐烂果、病虫果等一律剔除。

3. 破碎

将精选出的樱桃,用破碎机进行破碎,破碎时不要把核压碎,否则成品酒会产生苦味。

4. 入罐

将破碎好的樱桃立即入罐,防止与空气接触时间过长而感染杂菌。发酵罐要事先刷洗几次,洗净后再用硫黄消毒灭菌方可使用。

5. 发酵液成分调整

樱桃经破碎后用于发酵的汁液称发酵液,根据果汁成分调整发酵液的糖度为 170~210 克/升。

6. 接种

樱桃酒酵母接种量为 0.05~0.8 克/升。

7. 发酵

(1)发酵条件:发酵温度为 20~25℃,发酵时间为 7~10 天。

(2)发酵管理:严格控制温度,定时检测比重和糖度,监测发酵状况,避免冒罐。

8. 渣汁分离

渣汁混合发酵期间,樱桃中大部分香味物质浸入发酵液中。但是时间一长,樱桃核中带有的苦味物质也会被乙醇溶解,因此应及时进行皮渣分离,否则酒将产生苦味。

9. 后发酵

发酵液经渣汁分离转入贮存室后,即进行后发酵,不过这种现象是微弱的。后发酵终止后,果胶、死亡的酵母、酒脚等逐渐沉于桶底,约占2.5%。

10. 调配

将经过贮存后发酵的清液转入另一桶中,测定其酒度、糖度、酸度。

根据成品酒之酒度、糖度、酸度要求,进行调配。

二 樱桃配制酒

樱桃配制酒是仿照樱桃发酵酒的质量要求,用樱桃果汁,加入乙醇、砂糖、有机酸、色素、香精和蒸馏水配制而成。生产这类酒方法简易,成本较低,并且能较好地保存樱桃果实中的营养成分,但其风味不如发酵酒好,缺乏醇厚柔和的口感。

1. 工艺流程

樱桃配制酒生产工艺流程如图12-3所示。

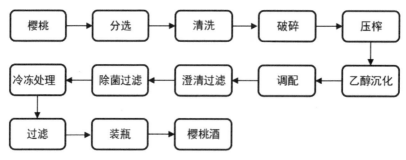

图12-3 樱桃配制酒生产工艺流程

2. 原料选择

原料选择鲜红熟透的樱桃果实,用清水洗净。

3. 压榨

为了避免压碎果核,可先去核再压榨。

4. 加乙醇

乙醇必须经脱臭,即将乙醇通过活性炭过滤,活性炭按照0.2克/升加入乙醇中,搅匀后静置25～36小时,过滤后得到脱臭乙醇。樱桃汁中脱臭乙醇添加量为8%～12%,具有保鲜和沉淀作用。

5. 调配

果汁用量不得低于30%,成品酒的酒度为8%～12%(vol),酸度为3～9克/升,色泽与原果汁近似,清晰透明,风味醇和协调,不得有异味与沉淀。

第三节　猕猴桃酒酿造技术

猕猴桃是营养丰富的水果,品种复杂,全国有56个品种,其中以中华猕猴桃的经济价值最高。一般成熟果实含糖8%~17%,主要为葡萄糖、果糖和蔗糖,其中葡萄糖和果糖含量大体相等,占总糖的85%左右。总酸含量(柠檬酸)为14~20克/千克。果胶在果肉中含量为0.95%左右。维生素C含量为1~4.2克/千克。

一　工艺流程

绝大多数酒厂采用发酵法生产猕猴桃酒。发酵法有两种生产工艺:一种是按照白葡萄酒的生产工艺,采用纯汁发酵;另一种是按照红葡萄酒的生产工艺,采用带皮渣发酵。猕猴桃酒生产工艺流程如图12-4所示。

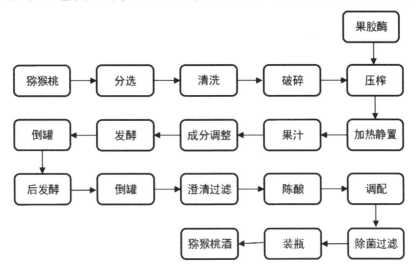

图12-4　猕猴桃酒生产工艺流程

二　原料选择

采集果肉翠绿、九成熟猕猴桃果实,剔除霉烂果及杂质,挑选轻微成熟变软的猕猴桃备用。

三 前处理

1.清洗

用清水洗涤除去表面茸毛、污物等,以减少原料的杂菌,沥干后2~3天催熟变软。

2.破碎压榨

先把猕猴桃破碎成果浆,同时加入果胶酶0.1克/升,SO_2 50毫克/升,均匀静置2~4小时后进行压榨。获得果汁后,需在汁中加入果胶酶0.015~0.020克/升,加温到45 ℃,静置澄清4小时以上,同时再加入SO_2 30毫克/升。

3.调整成分

将澄清果汁适当稀释,按发酵需达到的酒精度的要求,添加适量的白砂糖。

四 前发酵

前发酵温度为20~25 ℃,发酵时间为5~6天。前发酵完成后进行倒罐。

五 后发酵

后发酵温度为15~20 ℃,发酵时间为30~50天。后发酵完成后分离酒脚。酒脚集中后经蒸馏得到酒精,用来调酒精度。

六 澄清处理

下胶材料主要是明胶、蛋清、牛奶、皂土等,添加量为0.05~0.5克/升。

七 陈酿

猕猴桃酒需要陈酿1~2年,之后进行糖度调整。

八 杀菌、灌装

澄清后的猕猴桃酒除菌后灌装。

九 猕猴桃酒生产中的注意事项

1. 维生素C的保留

(1)避免铁器:在生产过程中注意严禁接触铁器。

(2)减少空气接触:尽量减少果汁与光、空气的接触,密闭陈酿,以减少维生素C的损失。

2. 控制好鲜果的后熟度

刚采收的果实,要经过1周的后熟软化,达到八成熟,再进行破碎发酵。

3. 掌握好分离时间

发酵的时间不宜太长,否则会因受到酒花的污染而无法再发酵。

十 理化指标

猕猴桃酒的理化指标见表12-1。

表12-1 猕猴桃酒的理化指标

项目	级别	
	优等品	合格品
酒精度(20℃)/[%(vol)]		
酒度	8.0~18	
允许差	±1.0	
总糖(以葡萄糖计)/(克/升)		
干酒	≤4.0	
半干酒	4.1~12.0	
半甜酒	12.1~50.0	
甜酒	>50.0	
干浸出物/(克/升)	≤0.8	≤1.1
滴定酸(以酒石酸计)/(克/升)	4.0~8.0	
挥发酸(以乙酸计)/(克/升)	≥14.0	≥12.0
维生素C/(克/升)		
干、半干酒	≥200	
甜、半甜酒	≥150	

续　表

项目	级别	
	优等品	合格品
总SO$_2$/（克/升）	≤250	
游离SO$_2$/（克/升）	≤50	
CO$_2$（20 ℃）/兆帕		
汽酒	≥0.30	

▶ 第四节　石榴酒酿造技术

一 工艺流程

清汁发酵法生产的石榴酒澄清透明,石榴果香和酒香清新和谐,口味柔和协调,酒体丰满,余味悠长,风格独特。清汁发酵法生产石榴酒的工艺流程如图12-5所示。

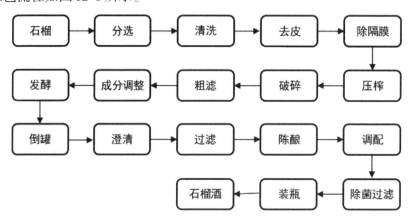

图 12-5　石榴酒生产工艺流程

二 操作要点

1. 原料选择

以酸甜石榴混合后酿酒为佳。原料石榴要求完全成熟,呈现成熟果实的色泽,无霉烂,以保证成品酒的品质。新鲜、成熟、无病斑的石榴,冷水清洗,除去表面杂物。去皮去隔膜,得到石榴籽。

2. 压榨

石榴果粒中含有多种有害石榴酒风味的物质,如脂肪、树脂、挥发酸等,这些物质在发酵时,会使成品酒酒液浑浊,并影响产品的风味,故应避免将内核压碎。果汁中添加适量SO_2和适量果胶酶,静置澄清。

3. 控温发酵

将石榴汁泵入发酵罐,装液量为罐容积的85%。将石榴汁发酵温度控制在20 ℃左右,发酵时间为7~14天。

4. 澄清

对石榴原酒采用皂土澄清,澄清良好时用硅藻土过滤机过滤。

5. 陈酿

补加SO_2,15 ℃以下,密闭保存半年以上。

▶ 第五节　草莓酒酿造技术

草莓发酵酒经过发酵、陈酿等过程,保留了草莓原有的香味,具有芬芳浓郁、醇厚、甜绵的风格。草莓酒中的有效成分能促进人体血液循环,改善心肌营养,有助于消化,对贫血、肠胃病、动脉血管硬化、心力衰竭等有一定的预防和调理作用。草莓酒的酿造方法有两种,即果浆发酵法和清汁发酵法。

一　果浆发酵法

1. 工艺流程

果浆发酵法酿制的草莓酒具有优雅和谐的果香与酒香,酒体丰满,口味清新,协调爽净,风格突出。果浆发酵法酿制草莓酒工艺流程如图12-6所示。

2. 原料选择及处理

要求草莓新鲜成熟,当日采摘后将草莓用流动水清洗,去净泥沙污

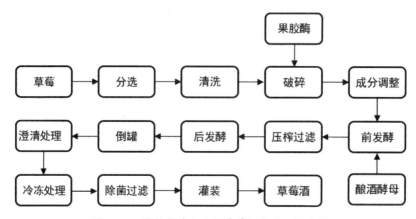

图 12-6　果浆发酵法酿制草莓酒生产工艺流程

物,然后去梗和青烂果。

3. 破碎处理

原料处理后,立即破碎,碎块大小以 3 ~ 5 毫米为宜。

4. 成分调整、入罐

破碎后进行糖度、酸度调整,入罐同时加入 SO_2,SO_2 添加量为 50 毫克/升。草莓浆的装罐量为罐容量的 80%。

5. 前发酵

发酵温度为 20 ~ 25 ℃。倒罐 2 次/天。前发酵结束后进行汁渣分离。

6. 压榨

为提高草莓酒质量,可将自流酒与压榨酒分开装罐。

7. 后发酵

发酵温度控制在 18 ~ 22 ℃,后发酵结束后残糖在 4 克/升以下。

8. 分离

后发酵结束、酒液澄清后,立即倒酒,分离沉淀。

9. 陈酿

陈酿温度 15 ℃以下,陈酿时间 10 个月可达到成熟。

10. 澄清

加入明胶进行酒的澄清处理。每升酒添加明胶 0.1 ~ 0.5 克,澄清时间为 2 ~ 7 天,澄清温度为 10 ~ 25℃。低温澄清,澄清后用硅藻土过滤机

过滤。

11. 调配

按成品的要求对酒液进行糖度、酒度、酸度的调整。

12. 冷冻、过滤、灌装

冷冻、过滤、灌装。

二 清汁发酵法

1. 工艺流程

如图12-7所示。

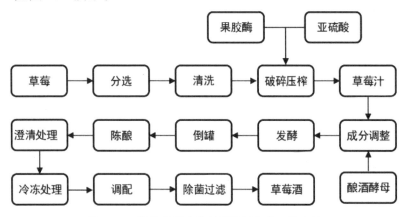

图12-7 清汁发酵法酿制草莓酒生产工艺流程

2. 原料选择

原料草莓应充分成熟、色泽纯正。

3. 前处理

(1)清洗:清洗草莓原料。

(2)破碎压榨:用破碎机破碎沥干的草莓,碎块大小以3~5毫米为宜。

4. 澄清处理

添加 SO_2 和果胶酶0.05克/升,静置澄清。取上部澄清汁发酵。

5. 发酵

发酵温度为20~25 ℃。

6. 倒酒陈酿

发酵结束后倒酒,除去酒脚,满罐贮存,酒中游离SO_2保持在20~30毫克/升。陈酿温度在15 ℃以下,陈酿期为3~10个月。

7. 澄清

加明胶和单宁进行酒的澄清处理,在低温下澄清。澄清后的酒液用过滤机过滤。

8. 调配

按成品的要求对酒液进行糖、酒、酸的调整。

9. 冷冻、过滤、灌装

过滤杂质,检测理化指标和卫生指标,合格后灌装。

第六节 苹果酒酿造技术

苹果品质优良、风味好,甜酸适口,营养价值比较高。苹果酒是以新鲜苹果为原料酿造的一种饮料酒。

一 工艺流程

苹果酒的生产工艺流程如图12-8所示。

二 原料选择

1. 原料品质要求

苹果香气要浓,含糖多,肉质紧密,选成熟度为80%以上的苹果,以小果实最佳。

2. 卫生要求

摘除果柄,拣出有干疤和受伤的果子,清除叶子与杂草。用不锈钢刀将果实腐烂部分及受伤部分剜除,否则会影响发酵的正常进行。

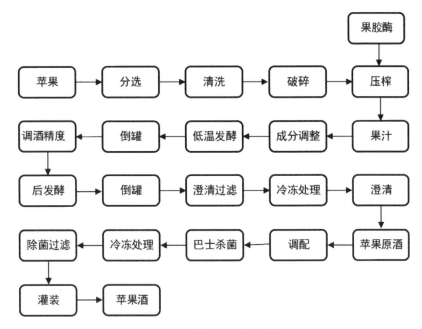

图12-8　苹果酒生产工艺流程

三　破碎

将苹果破碎成0.2厘米左右的碎块。但不可将果籽压碎,否则果酒会产生苦味。也可采用手工捣碎。

四　压榨取汁

1.压榨设备

(1)压榨机:破碎后的果实及时进行压榨取汁。

(2)布袋压榨:无条件的小厂也可采用手工压榨。

2.果汁澄清

(1)果胶酶澄清:果汁中加入果胶酶0.03~0.1克/升,在45 ℃下保温5~6小时,进行果汁澄清。澄清后的果汁过滤、去除沉渣。

(2)自然澄清:自然静置24小时,待固形物沉淀后,再将果汁移入清洁的发酵罐。

五 添加SO₂

为了保证苹果酒发酵的顺利进行,果汁必须添加防腐剂,以抑制杂菌生长。一般是加入SO_2 60~100毫克/升,也可按每100升果汁中添加9克偏重亚硫酸钾。

六 主发酵

果汁移入罐后,装罐量为容器容量的80%。苹果酒可利用苹果汁中所带的酵母自然发酵,也可通过添加活性干酵母,在一定的温度下发酵。两种酿造方式生产的苹果酒风味差异显著。

1. 发酵条件

(1)发酵温度:发酵温度为16~20 ℃,苹果酒发酵适合采取低温发酵。苹果酒低温发酵,可防止氧化,获得的产品口感柔,果香浓。

(2)发酵时间:发酵时间为15~20天。苹果酒发酵接入活性干酵母,接种量为0.2~0.8克/升。苹果酒酿造前要根据小试结果,确定最佳酵母菌种和接种量。

2. 发酵管理

(1)定时检测:定时检测苹果酒的比重、酒精度、糖度,同时严格监测发酵罐中的酒帽是否有汁液溢出。

(2)严格控温:维持低温发酵,可以通过地面洒水、发酵罐喷淋等方式降温。

(3)筛选菌种:筛选适合发酵产生苹果果香和发酵香气的风味物质。

(4)酒精发酵及时终止:通过比重和酒精度的变化,绘制发酵曲线,确定发酵终止的时间,并及时转罐和并罐。

(5)启动苹果酸-乳酸发酵:苹果酸-乳酸发酵有利于产生苹果酒风味物质。

七 换桶

用虹吸法将苹果酒从发酵罐移至贮酒罐。

八 澄清及陈酿

苹果酒自然澄清3～7天后去除沉淀。再添加皂土处理,进一步去除杂质。

九 后发酵

调整后的苹果酒在15～28 ℃下进行1个月左右的后发酵。

十 调整

后发酵结束后苹果酒的酒精度为3%～9%(vol),通过添加苹果渣蒸馏酒或食用酒精将其酒精度提高为12%～18%(vol)。同时添加SO_2,使新酒中含硫量达到100毫克/升。

十一 陈酿

贮藏温度低于20 ℃。新酒每年换桶3次,第一次是在当年的12月,第二次是在第二年的4～5月,第三次是在第二年的9～10月。

十二 除菌与装瓶

如果酒精度在16%(vol)以上,则不需灭菌。如果低于16%(vol),则必须灭菌。灭菌方法与白葡萄酒相同(参见第九章"白葡萄酒酿造技术")。

十三 理化指标

苹果酒的理化指标见表12-2。

表12-2　苹果酒的理化指标(甜酒)

项　目	指标
酒精度(20℃)/[%(vol)]	12～13
糖度/[克/(100毫升)]	90～100
总酸/(克/升)	6～8
挥发酸/(克/升)	≤1.2

▶ 第七节　山楂酒酿造技术

山楂是我国特有的果品,我国大部分地区均有野生或人工栽培,主要产区为山东、河南、江苏等地,产量呈逐年上升趋势。山楂不仅外观色泽诱人,而且营养也非常丰富,其营养成分还具有一定保健作用,具有较高的食疗价值。

一　工艺流程

以干红山楂酒为例,其生产工艺流程如图12-9所示。

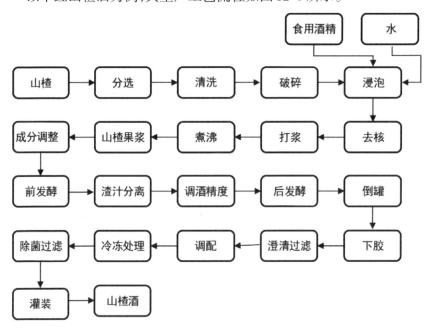

图12-9　干红山楂酒生产工艺流程

二　原料选择

必须选用红色纯正、新鲜成熟、无腐烂的山楂果实为原料。

三 前处理

1. 破碎

洗净的山楂用破碎机破碎,注意不要压破核,这样利于核与果肉分离,也能防止核中不良物质进入果肉中。

2. 浸泡

破碎后的山楂肉中,加入4%的脱臭酒精,用软水浸泡,并加入80毫克/升的SO_2。

3. 添加果胶酶

果胶酶添加量为40～60毫克/升,并使其作用24小时。添加活性干酵母0.5～1.0克/升,活性干酵母需要活化20分钟后倒入发酵罐,并混匀。

四 主发酵

1. 发酵温度

山楂酒适宜主发酵温度为23～28 ℃。

2. 发酵时间

发酵至果浆中的残糖为4～6克/升时,前发酵结束,山楂酒发酵时间为7～12天。

3. 发酵控制

(1)定时检测:测定比重、糖度、酒精度,监测发酵罐是否有酒溢出。

(2)倒罐:每天倒罐,倒罐时间在10分钟左右。

五 后发酵

1. 发酵温度

26～20 ℃。

2. 发酵时间

25～30天。

3.含糖量

在3克/升以下,后发酵结束之后转罐分离。

六 下胶

为了缩短生产周期,可添加一定量明胶。

七 冷冻、过滤

—4 ℃以下处理,冷冻5天,可加速沉淀的析出。

八 灭菌、灌装

冷冻、过滤后的山楂酒用果酒灌装机灌装并密封,然后送入加压连续式杀菌机进行杀菌。

九 理化指标

山楂酒的理化指标见表12-3。

表12-3 山楂酒的理化指标

项目	优等品	合格品
酒精度(20℃)/[%(vol)]	≤15.0	≤15.0
总糖(以葡萄糖计)/(克/升)	≤220	≤220
滴定酸(以柠檬酸计)/(克/升)	7～9	5～9
挥发酸(以乙酸计)/(克/升)	≤0.5	≤0.8
干浸出物/(毫克/升)	≥20	≥14

▶ 第八节 酿造果酒中存在的问题

一 氧化褐变

1.褐变的物质

(1)单宁物质:梨等水果单宁中的儿茶酚在多酚氧化酶的催化下,或酪氨酸与空气中的氧进行作用生成萜类化合物,并经聚合最终生成黑色素。

(2)氨基酸和羰基化合物:梨等水果中的氨基酸与果酒中的羰基化合物发生复杂的美拉德反应,最终生成类黑素。

(3)金属离子:果汁中的氨基酸可与铜离子形成稳定的深色配位螯合物,使氧化褐变加剧。

2.物理因素

延长加热杀菌时间,会增加黑色素的量,使梨酒的色泽加深。

二 风味不足原因

原料本身风味淡雅,含香气成分虽多,但浓度较小,且在加工过程中易挥发而散失;原料含糖少;酿酒酵母产香能力不足。

三 解决果酒风味不足的方法

1.勾兑

调配过程中加入果味香糖,能改善风味,但缺乏醇香,导致酒体的后味不足。

2.酶化催化

果酒发酵过程中加入蛋白酶等酶制剂,促进风味物质生成。

3.采用带皮发酵

通过浸渍,带皮发酵,提高汁液中风味物质的种类和浓度。

4.产香酵母

筛选适合果酒酿造的产香酵母。

第十三章 ▶ 果酒理化分析

▶ 第一节 酒精度测定

一 酒精度的定义

酒精度简称酒度,指的是酒中含乙醇(酒精)的百分比,一般是以容量来计算,通常是以20 ℃时的体积比表示,即20 ℃时100毫升果酒中含有的乙醇的毫升数。在酒精浓度后,会加上"体积"(vol),以示与按重量计算的浓度之区分。

二 酒精度的测定方法

《食品安全国家标准 酒中乙醇浓度的测定》(GB 5009.225—2016)规定了四种测定方法。

(1)密度瓶法:此法是经典的分析方法,准确度较高,操作简单,设备投资少,作为仲裁法。

(2)酒精计法:操作简单、快速,误差相对较大,可作为企业控制生产用。

(3)气相色谱法:准确度高,速度快,先进,应用越来越广泛。

(4)数字密度计法:适用于白兰地、威士忌等。

这里主要介绍密度瓶法和酒精计法。

1. 密度瓶法

(1)仪器和设备:分析天平,感量0.000 1克;全玻璃蒸馏器,500毫升;恒温水浴,控温精度 ± 0.1 ℃;附温度计密度瓶,25毫升或50毫升。

（2）试样制备：用一洁净、干燥的100毫升容量瓶，准确量取样品（液温20 ℃）100毫升于500毫升蒸馏瓶中，用50毫升水分3次冲洗容量瓶，洗液并入500毫升蒸馏瓶中，加几颗沸石（或玻璃珠），连接蛇形冷凝管，以取样用的原容量瓶作接收器（外加冰浴），开启冷却水（冷却水温度宜低于15 ℃），缓慢加热蒸馏，收集馏出液。当接近刻度时，取下容量瓶，盖塞，于20 ℃水浴中保温30分钟，再补加水至刻度，混匀，备用。

（3）试样测定：

①将密度瓶洗净并干燥，带温度计和侧孔罩称量。重复干燥和称重，直至恒重（m）。

②取下带温度计的瓶塞，将煮沸冷却至15 ℃的水注满已恒重的密度瓶中，插上带温度计的瓶塞（瓶中不得有气泡），立即浸入20.0 ℃±0.1 ℃的恒温水浴中，待内容物温度达20 ℃并保持20分钟不变后，用滤纸快速吸去溢出侧管的液体，使侧管的液面和侧管口齐平，立即盖好侧孔罩，取出密度瓶，用滤纸擦干瓶外壁上的水液，立即称量（m_1）。

③将水倒出，先用无水乙醇，再用乙醚冲洗密度瓶，吹干（或于烘箱中烘干），用试样馏出液反复冲洗密度瓶3~5次，然后装满。按照②操作，称量（m_2）。

（4）结果分析：密度（ρ_{20}^{20}）及空气浮力校正值（A）计算方法如下：

$$\rho_{20}^{20}=\rho_0 \times \frac{m_2-m+A}{m_1-m+A}$$

$$A=\rho_a \times \frac{m_1-m}{997.0}$$

式中：ρ_{20}^{20} 为试样在20℃时的密度，单位为克/升；ρ_0 为20℃时蒸馏水的密度（998.20克/升）；m 为密度瓶的质量，单位为克；m_1 为20℃时密度瓶与水的质量，单位为克；m_2 为20℃时密度瓶和试样的质量，单位为克；A 为空气浮力校正值；ρ_a 为干燥空气在20℃、101325 Pa时的密度（≈1.2克/升）；997.0为在20℃时蒸馏水与干燥空气密度值之差，单位为克/升。

根据试样的密度 ρ_{20}^{20}，查标准中附录A（规范性附录），求得酒精度，以体积分数"%（vol）"表示。重复2次，以测定结果的算术平均值表示，结果

保留至小数点后1位。复性测定结果的绝对差值不得超过0.5%(vol)。

(5)注意事项:量取样品及试验定容前需恒温,注意恒温水浴的精度要求;注意蒸馏装置的气密性,向密度瓶中注入蒸馏水和样品时,瓶中不得有气泡产生。

2. 酒精计法

(1)仪器和设备:精密酒精计,分度值为0.1%(vol);全玻璃蒸馏器,500毫升、1 000毫升。

(2)试样制备:用一洁净、干燥的200毫升容量瓶,准确量取200毫升(具体取样量应按酒精计的要求增减)样品(液温20℃)于500毫升或1 000毫升蒸馏瓶中,以下操作同密度瓶法。

(3)试样测定:将试样液注入洁净、干燥的200毫升量筒中,静置数分钟,待酒中气泡消失后,放入洁净、擦干的酒精计,再轻轻按一下,不应接触量筒壁,同时插入温度计,平衡约5分钟,水平观测,读取与弯月面相切处的刻度示值,同时记录温度。根据测得的酒精计示值和温度,查附录B,换算成20 ℃时样品的酒精度,以体积分数"%(vol)"表示。重复2次,以测定结果的算术平均值表示,结果保留至小数点后1位。在重复性条件下获得的2次独立测定结果的绝对差值不得超过0.5%(vol)。

▶ 第二节　总糖和还原糖的测定

糖的测定方法有很多,主要包括物理法、化学法、仪器法。《葡萄酒、果酒通用分析方法》(GB/T 15038—2006)中规定采用直接滴定法测定。

一　试剂与溶液

(1)盐酸溶液(1+1)。

(2)氢氧化钠溶液(200克/升)。

(3)葡萄糖标准溶液(2.5克/升)。

(4)次甲基蓝指示液(10克/升)。

（5）费林溶液Ⅰ液、Ⅱ液。

二 试样的制备

1. 测总糖用试样

准确吸取一定量的样品（液温20 ℃）于100毫升容量瓶中，使之所含总糖量为0.2～0.4克，加5毫升盐酸溶液（1+1），再加水至20毫升，摇匀。于（68±1）℃水浴上水解15分钟，取出，冷却。用氢氧化钠溶液（200克/升）中和至中性，调温至20 ℃，加水定容至刻度，备用。

2. 测还原糖用试样

准确吸取一定量的样品（液温20 ℃）于100毫升容量瓶中，使之所含还原糖量为0.2～0.4克，加水定容至刻度，备用。

三 分析步骤

以试样代替葡萄糖标准溶液，按费林溶液标定操作，记录消耗试样的体积。

1. 测定预备试验

吸取费林溶液Ⅰ液、Ⅱ液各5毫升注于250毫升三角瓶中，加50毫升水，摇匀，在电炉上加热至沸，在沸腾状态下用制备好的样品溶液滴定，当溶液的蓝色将消失呈红色时，加2滴次甲基蓝指示液，继续滴样品溶液至蓝色消失，记录消耗的样品溶液的体积。

2. 正式试验

吸取费林溶液Ⅰ液、Ⅱ液各5毫升注于250毫升三角瓶中，加50毫升水和比预备试验少1毫升的样品溶液，加热至沸，并保持2分钟，加2滴次甲基蓝指示液，在沸腾状态下于1分钟内用样品溶液滴至终点，记录消耗样品溶液的总体积。

测定干葡萄酒或含糖量较低的半干葡萄酒，先吸取一定量样品溶液（液温20 ℃）注于预先装有费林溶液Ⅰ液、Ⅱ液各5毫升的250毫升三角瓶中，再用葡萄糖标准溶液按费林溶液标定操作，记录所消耗的葡萄糖标准溶液的体积。

四 结果计算

1. 干葡萄酒、半干葡萄酒总糖或还原糖的含量计算

计算公式如下：

$$X_1 = \frac{F - cV}{(V_1/V_2) \times V_3} \times 1\,000$$

2. 其他葡萄酒总糖或还原糖的含量计算

计算公式如下：

$$X_2 = \frac{F}{(V_1/V_2) \times V_3} \times 1\,000$$

式中：X_1 为干葡萄酒、半干葡萄酒总糖或还原糖的含量，单位为克/升；F 为费林溶液 Ⅰ 液、Ⅱ 液各 5 毫升相当于葡萄糖的克数，单位为克；c 为葡萄糖标准溶液的浓度，单位为克/毫升；V 为所消耗的葡萄糖标准溶液的体积，单位为毫升；V_1 为所吸取的样品溶液的体积，单位为毫升；V_2 为样品稀释后或水解定容的体积，单位为毫升；V_3 为所消耗的样品溶液的体积，单位为毫升；X_2 为其他葡萄酒总糖或还原糖的含量，单位为克/升。

所得结果应精确至 1 位小数。

▶ 第三节　总酸的测定

一 总酸的定义

总酸是果酒中所有的可与碱性物质发生中和反应的酸性成分的总和，为挥发酸和固定酸的总和，其大小可借标准碱滴定来测定，故又称为总酸度或可滴定酸度。《果酒通用技术要求》（QB/T 5476—2020）对果酒中总酸未作要求，提出以实测值表示。总酸的测定方法有电位滴定法和指示剂法。

二 电位滴定法测定总酸

1. 试剂和材料

(1)氢氧化钠标准滴定溶液：$c(NaOH)$＝0.05毫摩尔/升；按《化学试剂标准滴定溶液的制备》(GB/T 601—2016)配制与标定，并准确稀释。

(2)自动电位滴定仪(或酸度计)：精度0.01 pH，附电磁搅拌器。

(3)恒温水浴：精度±0.1 ℃，带振荡装置。

2. 分析步骤

(1)样品测定：吸取10毫升样品(液温20℃)注于100毫升烧杯中，加50毫升水，插入电极，放入一枚转子，置于电磁搅拌器上，开始搅拌，用氢氧化钠标准滴定溶液滴定。开始时滴定速度可稍快，当样液pH＝8.0后，放慢滴定速度，每次滴加半滴溶液直至pH＝8.2为其终点，记录所消耗的氢氧化钠标准滴定溶液的体积。同时做空白试验。起泡酒和加气酒需排除二氧化碳后，再进行测定。

(2)空白试验：于100毫升的烧杯中注入50毫升水；其他同上。记录所消耗的氢氧化钠标准溶液的体积。

(3)排气方法：吸取约60毫升样品注于100毫升烧杯中，将烧杯置于40℃±0.1℃振荡水浴中恒温30分钟，取出，冷却至室温。

3. 结果计算

$$X=\frac{c\,(V_1-V_0)\times75}{V_2}$$

式中：X为样品中总酸的含量(以酒石酸计)，单位为克/升；c为氢氧化钠标准滴定溶液的浓度，单位为摩尔/升；V_0为空白试验消耗氢氧化钠标准滴定溶液的体积，单位为毫升；V_1为样品滴定时消耗氢氧化钠标准滴定溶液的体积，单位为毫升；V_2为吸取样品的体积，单位为毫升；75为酒石酸的摩尔质量的数值，单位为克/摩尔。

所得结果精确至1位小数。

三 指示剂法测定总酸

1. 试剂和材料

酚酞指示液(10克/升):按《化学试剂 试验方法中所用制剂及制品的制备》(GB/T 603—2002),用无二氧化碳蒸馏水配制;氢氧化钠标准滴定溶液$c(NaOH)=0.05$摩尔/升。

2. 分析步骤

吸取样品2~5毫升(液温20℃;取样量可根据酒的颜色深浅而增减),置于250毫升三角瓶中,加入50毫升水,同时加入2滴酚酞指示液,摇匀后,立即用氢氧化钠标准滴定溶液滴定至终点,并保持30秒内不变色,记下所消耗的氢氧化钠标准滴定溶液的体积。同时做空白试验。起泡酒和加气酒需排除二氧化碳后,再进行测定。

第四节 挥发酸的测定

一 挥发酸的定义

挥发酸指在一定条件下,从果酒中蒸馏出来的各种酸及其衍生物的总和,但不包括亚硫酸和碳酸。

二 挥发酸的测定

1. 试剂与溶液

(1)氢氧化钠标准滴定溶液浓度$c(NaOH)=0.05$摩尔/升。

(2)酚酞指示液(10克/升)。

(3)盐酸溶液,将浓盐酸用水稀释4倍。

(4)碘标准滴定溶液$[c(\frac{1}{2}I_2)=0.005$摩尔/升$]$。

(5)碘化钾。

(6)淀粉指示液(5克/升)。

(7)硼酸钠饱和溶液。

2. 分析步骤

(1)实测挥发酸。安装好蒸馏装置,吸取20℃样品10毫升,在该装置上进行蒸馏,收集100毫升馏出液。将馏出液加热至沸,加入2滴酚酞指示液,用0.05摩尔/升氢氧化钠标准滴定溶液滴定至粉红色,30秒内不变色即为终点,记下所消耗的氢氧化钠标准滴定溶液的体积。

(2)测定游离SO_2。于上述溶液中加入1滴盐酸溶液酸化,加2毫升淀粉指示液和几粒碘化钾,混匀后用0.005摩尔/升碘标准滴定溶液滴定,得出碘标准滴定溶液消耗的体积。

(3)测定结合SO_2。于上述溶液中加入硼酸钠饱和溶液,至溶液显粉红色,继续用0.005摩尔/升碘标准滴定溶液滴定,至溶液呈蓝色,得到所消耗的碘标准滴定溶液的体积。

3. 结果计算

(1)样品中实测挥发酸的含量按下式计算:

$$X_1 = \frac{cV_1 \times 60}{V}$$

式中:X_1为样品中实测挥发酸的含量(以乙酸计),单位为克/升;c为氢氧化钠标准滴定溶液的浓度,单位为摩尔/升;V为所消耗的氢氧化钠标准滴定溶液的体积,单位为毫升;60为乙酸的摩尔质量的数值,单位为克/摩尔;V为吸取样品的体积,单位为毫升。

(2)若挥发酸含量接近或超过理化指标时,则需进行修正。修正时,按下式换算:

$$X = X_1 - \frac{c_2V_2 \times 32 \times 1.875}{V} \quad \frac{c_2V_3 \times 32 \times 0.9375}{V}$$

式中:X为样品中真实挥发酸(以乙酸计)含量,单位为克/升;X_1为实测挥发酸含量,单位为克/升;c_2为碘标准滴定溶液的浓度,单位为摩尔/升;V为吸取样品的体积,单位为毫升;V_2为测定游离SO_2消耗碘标准滴定溶液的体积,单位为毫升;V_3为测定结合SO_2消耗碘标准滴定溶液的体

积,单位为毫升;32为SO$_2$的摩尔质量的数值,单位为克/摩尔;1.875为1克游离SO$_2$相当于乙酸的质量,单位为克;0.9375为1克结合SO$_2$相当于乙酸的质量,单位为克。

所得结果应精确至1位小数。

第五节 二氧化硫的测定

一 游离SO$_2$的测定(氧化法)

1.试剂和材料

(1)过氧化氢溶液(0.3%)。

(2)磷酸溶液(25%)。

(3)氢氧化钠标准滴定溶液 c(NaOH)=0.01摩尔/升。

(4)甲基红–次甲基蓝混合指示液。

2.仪器

SO$_2$测定装置,真空泵或抽气管(玻璃射水泵)。SO$_2$测定装置如图13–1所示。

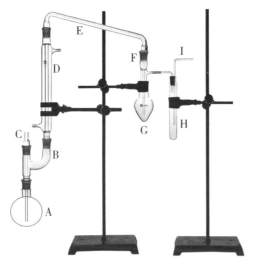

图13–1 SO$_2$测定装置图

3. 分析步骤

(1)将SO_2测定装置连接妥当,I管与真空泵(或抽气管)相接,D管通入冷却水。取下梨形瓶(G)和气体洗涤器(H),在G瓶中加入20毫升过氧化氢溶液、H管中加入5毫升过氧化氢溶液,各加3滴混合指示液后,溶液立即变为紫色,滴入氢氧化钠标准溶液,使其颜色恰好变为橄榄绿色,然后重新安装妥当,将A瓶浸入冰浴中。

(2)吸取20毫升样品溶液(液温20 ℃),从C管上口加入A瓶中,随后吸取10毫升磷酸溶液,亦从C管上口加入A瓶中。

(3)开启真空泵(或抽气管),使抽入空气流量为1 000毫升/分钟 ~ 1 500毫升/分钟,抽气10分钟。取下G瓶,用氢氧化钠标准滴定溶液滴定至重现橄榄绿色即为终点,记下所消耗的氢氧化钠标准滴定溶液的毫升数。以水代替样品溶液做空白试验,操作同上。一般情况下,H管中溶液不应变色,如果溶液变为紫色,也需用氢氧化钠标准滴定溶液滴定至橄榄绿色,并将所消耗的氢氧化钠标准滴定溶液的体积与G瓶所消耗的氢氧化钠标准滴定溶液的体积相加。

4. 结果计算

样品中游离SO_2的含量按下式计算:

$$X = \frac{c \times (V - V_0) \times 32}{20} \times 1000$$

式中:X为样品中游离SO_2的含量,单位为毫克/升;c为氢氧化钠标准滴定溶液的浓度,单位为摩尔/升;V为测定样品时消耗的氢氧化钠标准滴定溶液的体积,单位为毫升;V_0为空白试验消耗的氢氧化钠标准滴定溶液的体积,单位为毫升;32为SO_2的摩尔质量的数值,单位为克/摩尔;20为所吸取样品溶液的体积,单位为毫升。

所得结果应精确至整数。

二 游离SO_2的测定(直接碘量法)

1. 试剂和材料

(1)硫酸溶液(1+3)。

(2)碘标准滴定溶液。

(3)淀粉指示液(10克/升)。

(4)氢氧化钠溶液(100克/升)。

2. 分析步骤

吸取50毫升样品溶液(液温20 ℃)注入250毫升碘量瓶中,加入少量碎冰块,再加入1毫升淀粉指示液、10毫升硫酸溶液,用碘标准滴定溶液迅速滴定至淡蓝色,保持30秒不变即为终点,记下所消耗的碘标准滴定溶液的体积(V)。以水代替样品,做空白试验,操作同上。

3. 结果计算

样品中游离SO_2的含量按下式计算:

$$X = \frac{c \times (V - V_0) \times 32}{50} \times 1\,000$$

式中:X为样品中游离SO_2的含量,单位为毫克/升;c为碘标准滴定溶液的浓度,单位为摩尔/升;V为所消耗的碘标准滴定溶液的体积,单位为毫升;V_0为空白试验所消耗的碘标准滴定溶液的体积,单位为毫升;32为SO_2的摩尔质量的数值,单位为克/摩尔;50为所吸取的样品溶液的体积,单位为毫升。

三 总SO_2的测定(氧化法)

1. 试剂和溶液

同游离SO_2的测定(氧化法)

2. 仪器

同游离SO_2的测定(氧化法)

3. 分析步骤

继测定游离SO_2后,将滴定至橄榄绿色的G瓶重新与F管连接。拆除A瓶下的冰浴,用温火小心加热A瓶,使瓶内溶液保持微沸。开启真空泵,以后操作同游离SO_2的测定(氧化法)。

4. 结果计算

计算出来的SO_2为结合SO_2。将游离SO_2与结合SO_2相加,即为总SO_2。

四 总SO₂的测定（直接碘量法）

1. 试剂和材料

氢氧化钠溶液（100克/升）；其他试剂与溶液同游离SO₂的测定（直接碘量法）。

2. 分析步骤

吸取25毫升氢氧化钠溶液注入250毫升碘量瓶中，再准确吸取25毫升样品溶液（液温20℃），并以吸管尖插入氢氧化钠溶液的方式，加入碘量瓶中，摇匀，盖塞，静置15分钟后，再加入少量碎冰块、1毫升淀粉指示液、10毫升硫酸溶液，摇匀，用碘标准滴定溶液迅速滴定至淡蓝色，30秒内不变即为终点。以水代替样品溶液做空白试验，操作同上。

3. 结果计算

$$X = \frac{c \times (V - V_0) \times 32}{25} \times 1\,000$$

式中：X 为样品中总SO₂的含量，单位为毫克/升；c 为碘标准滴定溶液的浓度，单位为摩尔/升；V 为测定样品溶液所消耗的碘标准滴定溶液的体积，单位为毫升；V_0 为空白试验所消耗的碘标准滴定溶液的体积，单位为毫升；32为SO₂的摩尔质量的数值，单位为克/摩尔；25为所吸取的样品溶液的体积，单位为毫升。

第十四章 果酒的感官品尝

感官品尝主要是利用人的眼、鼻、舌对酒的外观、香气、滋味及风格（典型性）进行检验和评价,并把感觉到的印象用专门术语表达出来,并赋予不同的分数,进而全面评价样品的品质。由于各种果酒中的风味物质有数百种,对其逐一进行理化检测的难度很大,因此迄今为止,感官品尝仍是鉴定果酒品质的主要手段。

▶ 第一节 果酒感官品尝的项目

一 外观

果酒的外观特征主要表现在:色泽、澄清度、起泡程度和流动度。

1. 色泽

果酒的色泽,因所酿制果酒的品种的不同而异,但色泽必须纯正。不同葡萄酒的色泽区分见表14-1。

表14-1 不同葡萄酒的色泽区分

葡萄酒的种类	葡萄酒的色泽
白葡萄酒	无色（如水）、禾秆黄色、棕黄色、淡绿黄色、金黄色、蓝黄色、浅黄色、淡琥珀色、黄色、琥珀色
红葡萄酒	洋葱皮红色、石榴皮红色、蓝红色、棕带红色、淡宝石红色、暗红色、红带棕色、宝石红色、血红色、紫红色
桃红葡萄酒	浅桃红色、玫瑰红色、砖红色

2. 澄清度

澄清度是果酒外观质量的重要指标,主要包括是否透明、有无光泽、有无各种混浊现象。国家标准规定果酒要澄清,有光泽,无明显悬浮物。澄清程度差的果酒,口感质量一般也较差。

3. 起泡程度

通过观察细微的串珠状气泡升起、平静的程度,以及起泡时间、起泡量等现象,可以判断干起泡酒或甜起泡酒是否正常。

4. 流动性

将果酒倒入杯中,或拿住已盛有酒的酒杯杯脚旋转,静止后观察酒杯内壁上的酒柱。果酒在杯中会有液状、流动状、正常的、浓的、稠的、油状的、黏的、黏滞的等不同现象。干物质少和酒精度低的果酒流动性强,酒柱少,并且酒柱下降速度快。酒柱的流动性在评分表上记录,但不计分。

二 香气

果酒的香气是由嗅觉来确定的,一般分为果香和酒香两类。对加香果酒来说,还包括芳香植物带进的香气。

1. 果香

果香是指果实本身带进的香气,也可称为品种香气或原始酒香。每个品种都有它自己特有的果香,如玫瑰香葡萄等,无论在任何地区、任何年份,其香气总是固定的。

2. 酒香

酒香是在发酵和贮藏过程中产生的。酿酒酵母的代谢作用和其他的生物化学变化,以及橡木桶与酒的长期接触等作用,产生了果酒特有的香气。构成果酒酒香的物质主要是酯类、醇类、醛类、酮类以及有机酸等,酵母的自溶物、氨基化合物也与酒香有着密切的关系。

酒香不足:这是贮存过久或酒生有病害所致。

新酒:除果香外,还具有不成熟的新酒气味,多指发酵半年以内的葡萄酒。

成熟酒香:指经过一段时间贮存后具有的一定的陈酒气味。

陈酒香:当酒倒入酒杯后,即能嗅到陈酒的香气。

酒香扑鼻:是指酒开瓶后即可嗅到这种完满的陈酒香气,倒入酒杯后,可达到满室生香的境界。

3. 酒中不良气味

通常用酸气、霉气、臭气、熟酒气、生药气、木塞气、杉木气、柏油气等词来描述酒的不良气味。此外,在描述果香和酒香时,还可加上表示程度不同的形容词,如"微有""弱的""浓的""强烈的"等。

三 滋味

果酒的滋味比较复杂,一般包括酒精味、酸味、甜味、咸味、苦涩味以及浓淡等感受。它是利用人的舌头、软腭、喉头等味觉器官同时进行辨别来检验的。

1. 酒精味

酒精虽是葡萄酒的主要成分,但不能在滋味中突出,应和酒中其他成分融合良好,在滋味上觉察不出酒精的气味,我们称之为醇和,反之可成为程度不同的酒精味。

2. 酸味

酸味是葡萄酒的重要特征,若酒无酸味,则口感寡淡、缺乏清爽感,可见酸味对葡萄酒的滋味具有明显的影响。果酒的酸味主要是由酒中的固定酸和挥发酸形成的,外加的SO_2在酒中所形成的亚硫酸对酒的滋味会有一定的影响。酸的感受与酒体的温度有关,温度高,感觉会强一些;温度低,则感觉弱些。此外,酸与糖的配比还与葡萄酒的滋味有密切关系。配比适宜,则酒性调和、酒质肥硕、酒体柔软。

固定酸,如酒石酸、苹果酸、柠檬酸等。若固定酸含量很高,多为新酿成的果酒,称之为生果酒。这种酒有时很酸,有欲流口水的感觉。如酸度高得适当,则有清凉爽口的感觉,亦称此酒具有活泼性。酸度低时,滋味较差,则显得呆滞或不活泼。

挥发酸,如醋酸、丙酸、丁酸、乳酸等,这些酸均有一定的香气。葡萄酒的酸味随着挥发酸的含量的增高而增强,如果挥发酸的含量小于0.65

克/升,就不容易凭感官觉察出来。当挥发酸的含量达到1克/升时,才容易觉察出来。如果达到1.2克/升时,即可明显品尝出来。如果葡萄酒中挥发酸的含量低到0.25克/升,则会感到酒性不柔、酒体不软、酒质不肥。因此,应将葡萄酒中挥发酸的含量控制在0.5~0.8克/升为宜。

亚硫酸是由添加到酒中的SO_2与酒液作用后产生的。适量使用SO_2,对果酒的滋味不会产生影响,但过量使用,除会对酒的陈酿产生不利影响外,还会使果酒失去原有的一部分优良品质和真正价值。

3.甜味

水果酒中的甜味物质有两类,即糖类和醇类。糖类主要是果糖、葡萄糖等;醇类主要是甘油、肌醇和山梨醇等。即使是干酒,也可感受到甜的滋味。在果酒中,甜酸应适口。在糖度较高时,有浓甜的感觉。如糖度高而酸度低,有时会出现甜得发腻的感觉。

4.苦涩

果酒中的苦涩主要来自单宁。它在口腔中会产生一种收敛的感觉,并有一种苦涩感。单宁过量会给酒带来干燥和粗糙等不适口的感觉,使果酒应有的风格不能体现出来。另外,酒中的色素在成分上一般为多酚类,也会呈现出一些苦涩味。

5.浓淡

浓淡主要体现果酒中含有浸出物的多少,浸出物含量高的,在滋味上多呈浓郁、持久的感觉。反之,则有淡的感觉,有时会出现平淡如水的感觉。浓淡是葡萄酒中物质组成在味觉上的综合反应。

6.回味

葡萄酒在口腔中,受到温度及口腔摩擦的作用,释放出香气。回味并不是每种果酒都有,而且有强有弱,这种感觉往往发生在名优葡萄或者苹果酒中。

7.风格(典型性)

果酒的典型性又称风格,果酒品种繁多,风格也各有不同。在风格上,有以葡萄品种为主的,如"雷司令"葡萄酒就具有"雷司令"葡萄的典型性,多用于干酒上;也有以工艺为主结合葡萄品种形成的风格,如味美

思葡萄酒。风格是一种综合评价。

8. 感官评分标准

果酒品尝以分值体现果酒质量,葡萄酒感官评分表见表14-2。

表14-2 葡萄酒感官评分表

项目	评语		葡萄酒	香槟和汽酒
色泽	澄清透明、有光泽、具有本品应有的光泽,悦目协调		20分	15分
	澄清透明,具有本品应有的色泽		18~19分	13~14分
	澄清、无夹杂物、与本品色泽不符		15~17分	10~12分
	微混、失光或人工着色		15分以下	10分以下
香气	果香、酒香浓酸幽郁、协调悦人		28~30分	18~20分
	果香、酒香良好,尚悦怡		25~27分	15~17分
	香与酒香较小,但无异味		22~24分	11~14分
	香气不足,或不悦人,或有异香		18~21分	9~10分
	香气不足,使人厌恶		18分以下	9分以下
口味	酒体丰满,有新鲜感、醇厚、协调、舒服、爽口、酸甜适口、柔细轻快、回味绵延		38~40分	38~40分
	酒质柔顺,柔和爽口,酸甜适当		34~37分	34~37分
	酒体协调,纯正无杂		30~33分	30~33分
	略酸,较甜腻,绝干带甜,欠浓郁		25~29分	25~29分
	酸、涩、苦、平淡、有异味		25分以下	25分以下
风格	典型完美,风格独特,优雅无缺		10分	10分
	典型明确,风格良好		9分	9分
	有典型性,不够怡雅		7~8分	7~8分
	失去本品典型性		7分以下	7分以下
气与汽泡	1)响声与气压(5分)			
	香槟酒	响声清脆		4~5分
		响声良好		3~3.5分
		失声		0.5~2.5分
		无响声		0分
	汽酒	气足泡涌		4~5分
		起泡良好		3~3.5分
		气不足泡沫少		0.5~2.5分
		没有气和泡		0分

续　表

项目	评语		葡萄酒	香槟和汽酒
气与汽泡	2)泡沫性状(4分)			
	洁白细腻			3.5～4分
	尚洁白细腻			2.5～3分
	不够洁白细腻、发暗			1.5～2分
	泡沫较粗、发黄			1分
	3)泡持性(6分)			
	香槟	泡沫在2分钟以上不消失		4.5～6分
		泡沫不到2分钟消失		1～4分
	汽酒	泡沫在1分钟以上不消失		4.5～6分
		泡沫不到1分钟消失		1～4分

▶ 第二节　果酒品评环境要求

一　品尝室的要求

1. 光线条件

品尝室应有适宜的光线,使人感觉舒适;且离噪声源较远;光源可用自然光或日光灯。

2. 温度条件

品尝室环境温度须为20～22℃。

3. 湿度条件

品尝室环境湿度须为60%～70%。

4. 品尝台

品尝室的台子应相互隔离,桌高76厘米,品尝桌应为白色,内设痰盂并备有自来水。

二 品尝杯的要求

1. 葡萄酒杯的种类

酒杯的形状不仅在很大程度上影响葡萄酒的果香或酒香,也影响到葡萄酒的口感。酒杯外观应该无色、薄壁而透明,这样可以充分展示葡萄酒的色泽。另外,杯肚应该足够大,以便空气进入与酒接触,从而散发果酒的香味。葡萄酒杯的杯柄可以避免手与杯肚接触,以保持杯中葡萄酒温度,而且也可以避免指纹或者手上污点影响葡萄酒的色泽。

果酒杯主要有标准(通用)葡萄酒杯、淡红葡萄酒杯、浓红葡萄酒杯、白葡萄酒杯、起泡/香槟葡萄酒杯、甜酒葡萄酒杯。各种酒杯如图14-1所示并见表14-3。酒杯的杯肚越大,越能更好地保留酒的香气,有更多的时间醒酒,这样的酒杯非常适合红葡萄酒。饮用白葡萄酒时,应该使用杯肚和杯口狭长的酒杯,这样容易聚集葡萄酒的香气,减少酒与空气接触面积,从而降低葡萄酒氧化的速度。起泡酒和香槟都需要用细长的酒杯,也就是笛形杯,这个形状的酒杯可以使酒液的液面面积最小,能保证气泡不轻易散掉,甜酒杯应该更小,这样能方便将酒吸入口中,直接流向位于舌尖的甜味区。

图 14-1　葡萄酒杯

表14-3　葡萄酒杯

杯序号	酒杯的种类	酒杯形状	装酒量
1	标准(通用)葡萄酒杯	中等大小	液面在杯身的中间位置
2	淡红葡萄酒杯	大,非常圆	酒面非常低
3	浓红葡萄酒杯	大,圆	酒面较低
4	白葡萄酒杯	小而细	酒面很高
5	起泡/香槟葡萄酒杯	小,非常狭窄	酒面接近杯口
6	甜葡萄酒杯	非常小,狭窄	酒面到酒杯的一半高度

2.葡萄酒杯清洗要求

玻璃酒杯应该是短脚、薄壁、透明而无瑕疵。果酒感官检验的时候,采用215毫升品酒杯效果比较好。洗杯时用热水洗,然后用蒸馏水冲洗、控干,用使用过的亚麻布(勿用新的)擦干,这样可避免倒入的酒不会被污染。

▶ 第三节　品尝方法

一 前期准备

1.酒杯的清洗

如图14-2所示。

酒杯 → 浸泡 → 冲洗 → 沥干 → 擦净

图14-2　酒杯清洗流程

2.果酒的保存温度

白葡萄酒需要放在冰箱里冷藏1到2小时,红葡萄酒在冰箱内冷藏15～20分钟,香槟酒需要冷藏2小时,甜酒需要1小时,波特酒室温就可以。各种果酒的保存温度可参考表14-4。

表14-4　葡萄酒的保存温

葡萄酒种类	温度/℃	葡萄酒种类	温度/℃
红葡萄酒	16～18	起泡葡萄酒	9～10
白葡萄酒	10～15	甜红葡萄酒	18～20
桃红葡萄酒	12～14		

3.开瓶

用小刀将胶帽的顶盖划开除去,再用干净细丝棉布擦除瓶口和木塞顶部的脏物,最后用起塞器将木塞拉出。但是,在向木塞中钻进时,应注意不能使木塞屑进入果酒中,启塞后,同样应用棉布从里向外将瓶口部的残屑擦掉。开瓶流程如图14-3所示。

海马刀开启

锯齿切开胶帽

平整切开

螺旋钻进入中心

旋入木塞

卡住瓶口

第一级翘起木塞

第二级翘起木塞

图14-3　葡萄酒开瓶流程

如果是开一瓶红葡萄酒,需要提早打开,让温度升高并且让空气充分和酒接触,使酒的芳香散发出来,这时酒的口感会更加柔和。有的酒还需要醒酒,醒酒时间是15～20分钟。

4.倒酒

将调温后的酒瓶外部擦干净,小心开启瓶塞(盖),不使任何异物落入,将酒倒入洁净、干燥的品尝杯中。在往酒杯里倒酒时,不能倒得太满,一般酒在杯中的高度为1/4～1/3杯高,起泡和加气起泡葡萄酒的高度为1/2杯高,这样摇动酒杯时才不至于将果酒洒出,而且可在酒杯的空余部分充满果酒的香气物质,便于分析鉴赏其香气。

二 品尝方法

1. 适量装酒

尝评工作开始时,先用专用郁金香评酒杯盛放酒,倒入的酒量约为酒杯容量的1/3,倒酒时按照一定的方向,这样鼻子可感受到挥发性芳香性微粒的气流。

2. 观察外观

食指和拇指捏稳酒杯的杯脚,将酒杯置于腰带的高度,低头垂头观察果酒的液面,判断液面是否失光、是否有悬浮物。认真记录所得结果。

3. 回旋酒杯

将盛满果酒的玻璃酒杯举起,酒杯位置处于两眼的平视直线上,逆时针方向轻轻地摇荡,使酒在杯中缓慢旋转,透过酒杯,观察果酒外观,分析果酒颜色、种类、色调、透明度、沉淀物。对于起泡果酒,还需要观察酒的起泡性能或泡沫发生状态。认真记录所得结果。

(1)捧杯要求:握住葡萄酒杯的杯脚,逆时针回旋运动,使杯中酒液能够均匀分布在杯壁上,促进果香或酒香物质的蒸发。

(2)闻香方法:首先静态闻香,将酒杯靠近鼻孔,鼻孔受到香气物质的刺激,将自行膨胀,放大空间,可以嗅出全部气味。通过嗅觉的分析,辨别出果香、酒香及其他气息,再快速嗅尝。

(3)分析气味:认真客观地分析酒样的优点和缺点,如实记录果酒气味特征。

4. 入口品尝

(1)品尝量:首先举起酒杯,杯口放在嘴唇之间,并压住下嘴唇,头部稍微往后仰,轻轻向口中吸气,并控制吸入6～10毫升果酒。

(2)停留的时间:果酒在口内保留的时间可为2～5秒,也可延长到

12～15秒。如果要全面、深入地分析果酒的口味,应使果酒在口中保留12～15秒。当酒样引起的所有感觉消失后,才能品尝下一个酒样。

(3)口腔运动:

第一,果酒进入口腔后,闭上双唇,头微向前倾。

第二,酒样均匀平展在舌头表面,液体在口腔完成一种咀嚼及翻拌的运动。

第三,不时由两唇间吸进少量空气,穿越液体层,使其发出"格咯格咯"运动,以促使酒液能够密切接触味蕾。

第四,将酒液控制在口腔前部,然后将头仰起使酒液向后流动,让其进入后口腔,辨别酒味。最好咽下酒样,研究最后留下的"回味",以补充尝评时可能感到的不足之处。

第五,用舌头舔牙齿和口腔内表面,以鉴别尾味。

舌头舌尖处能品尝到甜味,舌头前侧能品尝到咸味和酸味,舌头后部能品尝到苦味。

5. 权衡考量

从味觉、嗅觉两方面,分析其是否能相互渗透和相互补充,分析是否能支持品尝得出的结论。

6. 酒体分析

最后综合分辨酒体,果酒酒体种类多,通常有以下几种,供品尝时参考。

精美醇厚:色泽美丽,果香和酒香雅致,并有完满的滋味。

酒体完满:酒液色泽美观,物质协调平衡。

酒体优雅:酒液外观优美,香气和口味恰到。

酒质肥硕:酒液浓稠、饱满、柔和。

酒体娇嫩:酒中干浸出物少,果酒轻嫩,但饮时还令人感到愉快。

酒体轻弱:酒液的颜色浅淡,酒度不高,干浸出物量少,饮时感到轻弱无力。

酒体瘦弱:酒中缺乏干浸出物,酸类物质明显不足。

"无力的"和"黏滞的":没有滋味,没有筋力的和含糖太多,或含胶体物质太多。

三 感官分析与评价

感官分析是指评价员通过口、眼、鼻等感觉器官检查产品的感官特性,即对果酒的色泽、香气、滋味及典型性等感官特性进行检查与分析评定。再根据外观、香气、滋味的特点综合分析,评定其类型、风格及典型性的强弱程度,写出结论意见(或评分)。具体如下。

1. 外观分析

(1)液面:评价员用食指和拇指捏着酒杯的杯脚,将酒杯置于腰带的高度,低头垂直观察果酒的液面,或将酒杯置于品尝桌上,评价员站立于桌侧,弯腰低头,视线垂直于杯中液面进行观察。果酒的液面呈圆盘状,必须洁净、光亮、完整。透过圆盘状的波面,可观察到呈珍珠状的杯体与杯柱的连接处,这表明果酒具有良好的透明度。若果酒的透明度良好,也可从酒杯的下方向上观察液面。

果酒的液面失光:此类酒中一定均匀地分布有非常细小的尘状物,表明该果酒很有可能已受微生物病害的侵染。

液面具虹彩状:说明果酒中的色素物质在酶的作用下氧化。

液面具蓝色调:表明果酒很可能患了金属破败病。

(2)酒体:观察完液面后,则应将酒杯举至双眼的高度,观察酒体的颜色、透明度和有无悬浮物及沉淀物。果酒的颜色包括色调和颜色的深浅。这两项指标可协助判断果酒的醇厚度、酒龄和成熟状况等。

(3)酒柱:将酒杯倾斜或摇动酒杯,使果酒均匀分布在酒杯内壁上,静止后就可观察到在酒杯内壁上形成的无色酒柱,这就是挂杯现象。甘油、乙醇、还原糖等含量越高,酒柱就越多,其下降速度越慢;相反,干物质和乙醇含量都低的果酒,流动性强,其酒柱少或没有酒柱,而且酒柱下降的速度也快。

2. 香气分析

分辨果香、酒香或有无其他异香,写出评语,在分析果酒的香气时,通常需要按下列步骤进行。

(1)第一次闻香:在酒杯中倒入1/3容积的果酒,在静止状态下分析

果酒的香气。在闻香时,应慢慢地吸进酒杯中的空气,将酒杯放在品尝桌上,弯下腰来,将鼻孔置于杯口部闻香,可以迅速地比较并排的不同酒杯中的果酒的香气,第一次闻香时闻到的气味很淡,因为只闻到了扩散性最强的那一部分香气,第一次闻香的结果不能作为评价果酒香气的主要依据。

(2)第二次闻香:在第一次闻香后,摇动酒杯,使果酒呈圆周运动,促使挥发性弱的物质的释放,然后进行第二次闻香。第二次闻香包括两个阶段:第一阶段是在液面静止的"圆盘"被破坏后立即闻香,这一摇动可以提高葡萄酒与空气的接触面,从而促进香味物质的释放。第二阶段是摇动结束后闻香,果酒的圆周运动使葡萄酒杯内壁湿润,其上充满了挥发性物质,此时香气最浓郁,最为优雅。第二次闻香可以重复进行,每次闻香的结果一致。

(3)第三次闻香:第三次闻香则主要用于鉴别香气中的缺陷。这次闻香前,先使劲摇动酒杯,使葡萄酒剧烈转动。最极端的类型是用左手手掌盖住酒杯杯口,上下猛烈摇动后进行闻香。这样可加强葡萄酒中乙酸乙酯、苯乙烯、硫化氢等使人产生不愉快嗅觉体会的物质成分的释放。

在完成上述步骤后,应记录所感觉到的气味的种类、持续性和浓度,并努力去区分、鉴别所闻到的气味。在记录、描述果酒香气的种类时,应注意区分不同类型的香气,一类香气、二类香气和三类香气。

3. 口感分析

为了正确客观地分析果酒的口味,需喝入少量样品于口中,尽量均匀分布于味觉区,仔细品尝,有了明确印象后咽下,再体会口感后味,记录口感特征。

(1)喝入方法:将酒杯举起,杯口放在嘴唇之间,并压住下唇,头部稍往后仰,而后轻轻地向口中吸气,并控制吸入的酒量,使果酒均匀地分布在平展的舌头表面,然后将果酒控制在口腔前部。

(2)喝入的量:每次喝入的酒量不能过多,也不能过少,应在6~10毫升。每次吸入的酒量应一致,否则,在品尝不同酒样时就没有可比性。

(3)品尝姿势：果酒进入口腔后，闭上双唇，头微向前倾，利用舌头和面部肌肉的运动，搅动果酒，也可将口微张，轻轻地向内吸气，使果酒蒸气进入鼻腔后部。在口味分析结束时，最好咽下少量果酒，将其余部分吐出。然后，用舌头舔牙齿和口腔内表面，以鉴别尾味。

(4)停留的时间：果酒在口内保留的时间可为2～5秒，也可延长到12～15秒。如果要全面深入分析果酒的口味，应将果酒在口中保留12～15秒。当这个酒样引起的所有感觉消失后，才能品尝下一个酒样。

附　录

一　国家标准

GB 15037—2006,葡萄酒.北京:中华人民共和国国家质量监督检验检疫总局和中国国家标准化管理委员会,2006

GB/T 15038—2006,葡萄酒、果酒通用分析方法.北京:中华人民共和国国家质量监督检验检疫总局和中国国家标准化管理委员会,2006

GB/T 5009.49—2008,发酵酒及其配制酒卫生标准的分析方法.北京:中华人民共和国卫生部和中国国家标准化管理委员会,2008

GB/T 11856—2008,白兰地.北京:中华人民共和国国家质量监督检验检疫总局和中国国家标准化管理委员会,2008

GB/T 23543—2009,葡萄酒企业良好生产规范.北京:中华人民共和国国家质量监督检验检疫总局和中国国家标准化管理委员会,2009

GB/T 23777—2009,葡萄酒储藏柜.北京:中华人民共和国国家质量监督检验检疫总局和中国国家标准化管理委员会,2009

GB/T 25504—2010,冰葡萄酒.北京:中华人民共和国国家质量监督检验检疫总局和中国国家标准化管理委员会,2010

GB/T 27586—2011,山葡萄酒.北京:中华人民共和国国家质量监督检验检疫总局和中国国家标准化管理委员会,2011

GB 2758—2012,食品安全国家标准　发酵酒及其配制酒.北京:中华人民共和国卫生部,2012

GB 12696—2016,食品安全国家标准　发酵酒及其配制酒生产卫生规范.北京:中华人民共和国国家卫生和计划生育委员会和国家食品药品监督管理总局,2016

GB/T 32783—2016,蓝莓酒.北京:中华人民共和国国家质量监督检验检疫总局和中国国家标准化管理委员会,2016

GB 5009.225—2016,食品安全国家标准 酒中乙醇浓度的测定.北京:中华人民共和国国家卫生和计划生育委员会,2016

GB/T 36759—2018,葡萄酒生产追溯实施指南.北京:中华人民共和国国家市场监督管理总局和中国国家标准化管理委员会,2018

GB/T 17204—2021,饮料酒术语和分类.北京:中华人民共和国国家市场监督管理总局和中国国家标准化管理委员会,2021

GB/T 40003—2021,感官分析 葡萄酒品评杯使用要求.北京:中华人民共和国国家市场监督管理总局和中国国家标准化管理委员会,2021

二 部颁标准

QB/T 2027—1994,猕猴桃酒.北京:中华人民共和国轻工业部,1994

SB/T 10710—2012,酒类产品流通术语.北京:中华人民共和国商务部,2012

SB/T 10711—2012,葡萄酒原酒流通技术规范.北京:中华人民共和国商务部,2012

SB/T 10712—2012,葡萄酒运输、贮存技术规范.北京:中华人民共和国商务部,2012

WS 710—2012,酒类生产企业防尘防毒技术要求.北京:国家安全生产监督管理总局,2012

NY/T 274—2023,绿色食品 葡萄酒.北京:中华人民共和国农业部,2014

NY/T 1508—2017,绿色食品 果酒.北京:中华人民共和国农业部,2017

NY/T 2104—2018,绿色食品 配制酒.北京:中华人民共和国农业部,2018

RB/T 167—2018,有机葡萄酒加工技术规范.北京:中国国家认证认可监督管理委员会,2018

T/CNFIA 104—2018,桑葚(果)酒.北京:中国食品工业协会,2018

QB/T 5476—2020,果酒通用技术要求.北京:中华人民共和国工业和信息化部,2020

T/CBJ 5104—2020,苹果酒.北京:中国酒业协会,2020

QB/T 5476.3—2023,果酒 第3部分:猕猴桃酒.北京:中华人民共和国工业和信息化部,2023(2024—02—01实施)

三 地方标准

DB13/T 912—2007,酿酒葡萄质量标准.石家庄:河北省质量技术监督局,2007

DB65/T 2977—2009,果酒生产标准体系总则.乌鲁木齐:新疆维吾尔自治区质量技术监督局,2009

DB13/T 1142—2009,酿酒葡萄生产技术规程.石家庄:河北省质量技术监督局,2009

DB43/T 912—2014,靖州杨梅酒.长沙:湖南省质量技术监督局,2014

T/GZSX055.7—2019,刺梨系列产品 刺梨酒(发酵酒).贵阳:贵州省食品工业协会,2019

DB62/T 4281—2020,绿色食品 河西走廊酿酒葡萄栽培技术规程.兰州:甘肃省市场监督管理局,2020

DB45/T 2208—2020,地理标志产品 都安野生山葡萄酒.南宁:广西壮族自治区市场监督管理局,2020

DB45/T 2140—2020,青梅酒酿造工艺规程.南宁:广西壮族自治区市场监督管理局,2020

DB64/T 1707—2020,贺兰山东麓产区干白葡萄酒酿造技术规程.银川:宁夏回族自治区市场监督管理厅,2020

DB64/T 1704—2020,宁夏贺兰山东麓干红葡萄酒酿造技术规范.银川:宁夏回族自治区市场监督管理厅,2020

T/HNSKJX 008—2021,猕猴桃果酒(发酵型)加工技术规程.长沙:湖南省食品科学技术学会,2021

T/SDSZC 2—2022,石榴酒.济南:山东省食品质量促进会,2022